U0394863

丛书系国家社科基金重大招标项目《中国共产党百年奋斗中坚持敢于斗争经验研究》（项目编号：22ZDA015）阶段性成果。

奋力建设现代化新广东研究丛书

中山大学中共党史党建研究院 编 张 浩 丛书主编

生态文明建设的
广东实践及路径研究

石德金 等 著

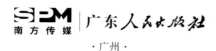

广东人民出版社

·广州·

图书在版编目（CIP）数据

生态文明建设的广东实践及路径研究 / 石德金等著. -- 广
州：广东人民出版社，2024.8. （奋力建设现代化新广东研究
丛书）. -- ISBN 978-7-218-17816-5

Ⅰ. X321.265

中国国家版本馆CIP数据核字第2024FQ2637号

SHENGTAI WENMING JIANSHE DE GUANGDONG SHIJIAN JI LUJING YANJIU

生态文明建设的广东实践及路径研究

石德金 等 著

出 版 人：肖风华

出版统筹：卢雪华
策划编辑：曾玉寒
责任编辑：李宜励
装帧设计：广大迅风艺术　刘瑞锋
责任技编：吴彦斌

出版发行：广东人民出版社
地　　址：广州市越秀区大沙头四马路10号（邮政编码：510199）
电　　话：（020）85716809（总编室）
传　　真：（020）83289585
网　　址：http://www.gdpph.com
印　　刷：广州市豪威彩色印务有限公司
开　　本：787mm×1092mm　1/16
印　　张：13　　字　　数：235千
版　　次：2024年8月第1版
印　　次：2024年8月第1次印刷
定　　价：58.00元

如发现印装质量问题，影响阅读，请与出版社（020-85716849）联系调换。
售书热线：（020）87716172

奋力建设现代化新广东研究丛书
编委会

主　编：张　浩

编　委：王仕民　詹小美　刘　燕　袁洪亮

　　　　龙柏林　胡　莹　罗嗣亮　石德金

　　　　万欣荣　廖茂忠　史欣向

总　序

古代广东处于中国大陆的最南端，南有茫茫大海、北有五岭的重重阻隔，且远离中国的政治经济文化中心。然而，近代以来，广东却屡开风气之先。广东是反抗外国侵略的前哨，同时又是外国新事物传入中国的门户，地处东西文明交流的前沿，一直扮演着现代化先行者的角色。许多重大历史事件和著名历史人物不约而同和广东联系在一起，使广东在整个近代中国居于一种特殊的地位。中国近代史的第一页就是在广东揭开的。两次鸦片战争都在广东发生，西方国家用大炮打开中国大门，首先打的是广东。而中国人民反抗外国侵略的斗争，也首先是从广东开始的。众所周知，1840年英国侵略者以林则徐在广东虎门销烟为由，发动侵略中国的鸦片战争，这是中国近代史开端的标志。作为近代中国人民第一次反侵略斗争的三元里抗英斗争即发生在广东，因此广东成为中国反对外来侵略的前沿阵地。广东也产生了一大批在中国乃至世界上都有影响力的思想家、革命家。他们站在时代的前列，探索救国救民的真理，投身于救国救民的运动，推动和影响了近代中国发展的历史进程。毛泽东在《论人民民主专政》一文中谈到近代先进的中国人向西方寻求救国真理，他举出四个代表人物，即洪秀全、严复、康有为和孙中山，这四个人中有三个是广东人。从洪秀全领导的太平天国起义，到康有为等人领导的维新运动，这些广东仁人志士对救国良方的寻觅，都推动了中国早期的现代化进程。特别是孙中山先生在《建国方略》中曾对中国现代化景象作出过天才般的畅想。然而，遗憾的是，由于没有先进力量的领导、没有科学理论的指导，民族独立无法实现，现代化也终究是水月镜花。

1921年7月，中国共产党的诞生，是开天辟地的大事变，标志着中国的革命事业有了主心骨、领路人。广东是大革命的策源地、中国共产党领导革命斗争的重要发源地之一、中国共产党探索革命道路的核心区域之一和全国敌后抗日三大战场之一。革命战争年代，广东英雄人物辈出，其中陈延年、张太雷、邓中夏、蔡和森、张文彬等人为中国革命献出了宝贵生命；彭湃烧毁自家田契，领导了海陆丰农民运动，为人民利益奋斗终身；杨殷卖掉自己广州、香港的几处房产，为革命事业筹集经费，最后用生命捍卫信仰……这些铮铮铁骨的共产党人用生命为民族纾困，为国家分忧。总之，广东党组织在南粤大地高举革命旗帜28年而不倒，坚持武装斗争23年而不断，为中国新民主主义革命的胜利作出了巨大的贡献，从而为现代化事业发展准备了根本条件。

新中国成立后，广东砥砺前行，开始了探索建设社会主义现代化的伟大实践。在"四个现代化"宏伟目标的指引下，中共广东省委带领广东人民以"敢教日月换新天"的勇气和斗志，发展地方工业，完成社会主义改造，建立起社会主义基本制度，拉开大规模社会主义建设的序幕。此后，广东又在国家投资支援极少的情况下，自力更生建立了比较完整的工业体系和国民经济体系。这一时期，全省兴建了茂名石油工业公司、广州化工厂、湛江化工厂、广州钢铁厂以及流溪河水电站、新丰江水电站等骨干企业，改组、合并和新建了200多家机械工业企业，工农业生产能力明显增强。这一时期，广东社会主义现代化建设事业经过长期而艰苦的实践探索，在农业、工业、科学技术等方面取得了一系列突出成就，为推进社会主义现代化奠定了坚实的物质基础。

党的十一届三中全会以来，广东充分利用中央赋予的特殊政策和灵活措施，在改革开放中先行一步，走出了一条富有广东特色的现代化发展路径。广东大胆地闯、大胆地试，以"敢为天下先"的历史担当和"杀出一条血路"的革命精神，带领全省人民解放思想，在改革开放探索中先行一步。"改革开放第一炮"作为"冲破思想禁锢的第一声春雷"响彻深圳蛇口上空，"时间就是金钱，效率就是生命"的口号传遍祖国大地。在推进经济特区建设、经济体制改革，发展外向型经济，率先建立社会主义市场经济体制的过程中，广东以改革精神破冰开局，实现了第一家外资企业、第一个出口加工区、第一张股票、第一批农民工、第一家涉外酒店、第一个商品房小区等多个"第一"；探索出"前店后厂""三来一补""外向带动""腾笼换鸟、造林引凤""粤港澳合作"等诸多创新之路。相关数据显示，至2012年，城乡居民人均可支配收入分别为30226.71元和10542.84元；城镇化水平达67.4%，人均预期寿命提高到76.49岁，高等教育毛入学率超过32%。作为改革开放的先行地，广东还贡献了现代化的创新理念、思路和实践经验。"珠江模式""深圳速度""东莞经验"等在全国产生了巨大影响，为探索中国特色社会主义现代化道路贡献了实践模板。总之，改革开放风云激荡，南粤大地生机勃勃，广东人民生活已经实现从温饱到总体达到小康再到逐步富裕的历史性跨越，为基本实现现代化打下了良好的基础。

党的十八大以来，中国特色社会主义进入新时代。习近平总书记对广东全面深化改革、全面扩大开放、深入推进现代化事业高度重视，先后在改革开放40周年、经济特区建立40周年、改革开放45周年等重要节点到广东视察，寄望广东"继续在改革开放中发挥窗口作用、试验作用、排头兵作用"，勉励广东"继续全面深化改革、全面扩大开放，努力创造出令世界刮目相看的新的更大奇迹"，要求广东"以更大魄力、在更高起点上推进改革开放"，嘱托广东在新征程上要"在全面深化改革、扩大高水平对外开放、提升科技自立自强能力、建设现代化产业体系、促进城乡区域协调发展等方面继续走在全国前列，在推进中国式现代化建设中走在前列"，这为广东推动改革开放和社会主义现代化向更深层次挺进、更广阔领域迈进指明了方向。在以习近平同志为核心的党中央的亲切关怀和坚强领导下，广东高举习近平新时代中国特色社会主义思想伟大旗帜，坚持改革不停顿、开放不止步，进一步解放思想、改革创新，进一步真抓实干、奋发进取，不断开创广东现代化建设新局面。广东立定时代潮头，坚持改革开放再出发，勇当中国式现代化的领跑者。广东以习近平总书记对广东的重要讲话和重要指示批示精神统揽工作全局，加强对中央顶层设计的创造性落实，不断围绕服务国家重大战略贡献长板、担好角色，以全面深化改革为鲜明导向，纵深推进粤港澳大湾区、深圳先行示范区建设，推动横琴、前海、南沙三大平台稳健起步，实现了经济平稳较好发展和社会和谐稳定，确保经济、政治、文化、社会、生态文明建设"五位一体"统筹推进，在经济高质量发展、文化强省建设、法治广东建设、生态文明建设以及民生事业发展等方面取得具有历史意义的新成就。2023年广东GDP达到13.57万亿元，经济总量连续35年全国第一，区域创新综合能力连续7年全国第一，规上工业企业超7.1万家，高新技术企业超过7.5万家，19家广东企业进入世界500强，超万亿元、超千亿元级产业集群分别达到8个和10个，"深圳—香港—广州"科技集群位居全球前列，建成国际一流的机场、港口、公路及营商环境，新质生产力发展势头良好，这为广东在推进中国式现代化建设中走在前列奠定了坚实的物质基础。

中国式现代化前途光明，任重道远。广东是东部发达省份、经济大省，以占全国不到2%的面积创造了10.7%的经济总量，在中国式现代化建设的大局中地位重要、作用突出，完全能够在现代化建设、高质量发展上继续走在全国前列。

促发展争在朝夕，抓落实重在实干。为了更好落实"在推进中国式现代化建设中走在前列"这一习近平总书记对广东的深切勉励、殷切期望和战略指引，2023年6月20日，中共广东省委十三届三次全会作出"锚定一个目标，激活三大动力，奋力实现十大新突破"的"1310"具体部署。这是紧跟习近平总书记、奋进新征程的坚定态度和郑重宣示，是把握大局、顺应规律、立足实际的科学布局，是推进中国式现代化的广东实践的施工图、任务书。时间不等人、机遇不等人、发展不等人。唯有大力弘扬"闯"的精神、"创"的劲头、"干"的作风，一锤一锤接着敲、一件一件钉实钉牢，才能把蓝图变为现实，推动广东在推进中国式现代化建设中走在前列。

岭南春来早，奋进正当时。2024年2月18日是农历新春第一个工作日，继去年"新春第一会"之后，广东再度召开全省高质量发展大会，这次大会强调"接过历史的接力棒，建设一个现代化的新广东，习近平总书记、党中央寄予厚望，父老乡亲充满期待，我们这代人要有再创奇迹、再写辉煌的志气和担当，才能不辜负先辈，对得起后人"，吹响了奋力建设一个靠创新进、靠创新强、靠创新胜的现代化新广东的冲锋号角，释放出"追风赶月莫停留、凝心聚力加油干"的鲜明信号。向天空探索、向深海挺进、向微观进军、向虚拟空间拓展，广东以"新"提"质"，以科技改造现有生产力，积极催生新质生产力，不断增强高质量发展的"硬实力"。观大局、抓机遇、行大道，广东作为经济大省、制造业大省，不断筑牢实体经济为本、制造业当家的根基，持续推动高质量发展，必将创造新的伟大奇迹。

2024年7月15日至18日，中国共产党第二十届中央委员会第三次全体会议在北京举行。党的二十届三中全会是在新时代新征程上，中国共产党坚定不移高举改革开放旗帜，紧紧围绕推进中国式现代化进一步全面深化改革而召开的一次十分重要的会议。全会审议通过的《中共中央关于进一步全面深化改革、推进中国式现代化的决定》，深入分析推进中国式现代化面临的新情况新问题，对进一步全面深化改革作出系统谋划和部署，既是党的十八届三中全会以来全面深化改革的实践续篇，也是新征程推进中国式现代化的时代新篇，擘画了进一步全面深化改革的蓝图，发出了向改革广度和深度进军的号令。广东全省上下要闻令而动，积极响应党中央的号召，全面贯彻落实党的二十届三中全会各项部署，以走在前列的担当进一步全面深化改革，扎实推进中国式现代化的广东实践。要围绕强化规则衔接、机制对接，把粤港澳大湾区建设作为全面深化改革的大机遇、大文章抓紧做实，携手港澳加快推进各领域联通、贯通、融通，持续完善高水平对外开放体制机制，依托深圳综合改革试点和横琴、前海、南沙、河套等重大平台开展先行先试、强化改革探索，努力创造更多新鲜经验，牵引带动全省改革开放向纵深推进。要围绕构建新发展格局、推动高质量发展，进一步深化经济体制改革，着眼处理好政府和市场的关系，加快构建高水平社会主义市场经济体制；着眼发展新质生产力，健全推动经济高质量发展体制机制；着眼补齐最突出短板，健全促进城乡区域协调发展的体制机制，更好激发广东发展的内生动力和创新活力。要围绕推进高水平科技自立自强，加快构建支持全面创新体制机制，深化教育综合改革、科技体制改革、人才发展体制机制改革，打通创新链、产业链、资金链、人才链，着力提升创新体系整体效能。要围绕提升改革的系统性、整体性、协同性，统筹推进民主、法治、文化、民生、生态等各领域改革，确保改革更加凝神聚力、协同高效。要围绕构建新安全格局，扎实推进国家安全体系和能力现代化，全面贯彻总体国家安全观，加强国家安全体系建设，完善公共安全治理机制，持续加强和创新社会治理，切实保障社会大局平安稳定。要围绕提高对进一步全面深化改革、推进中国式现代化的领导水平，切实加强党的全面领导和党的建设，始终坚持党中央对全面深化改革的集中统一领导，深化党的建设制度改革，健全完善改革推进落实机制，充分调动广大党员干部抓改革、促发展的积极性、主动性、创造性，以钉钉子精神把各项改革任务落到实处。

站在新的历史起点上，回望我们党领导人民夺取革命、建设、改革伟大胜利的光辉历程和广东取得的举世瞩目的发展成就，眺望强国建设、民族复兴的光明前景和广东现代化建设的美好未来，我们更加深刻感到，改革开放必须坚定不移，广东靠改革开放走到今天，还要靠改革开放赢得未来；更加深刻感到，改革开放需要群策群力，进一步全面深化改革，每个人都不是局外人旁观者，都是参与者贡献者；更加深刻感到，改革开放务求真抓实干，中国式现代化是干出来的，伟大事业都成于实干。岭南处处是春天，一年四季好干活。全省上下要从此刻开始，从现在出发，拿出早出工、多下田、干累活的工作热情，主动投身到进一步全面深化改革的宏伟事业中来，以走在前列的闯劲干劲拼劲，推动改革开放事业不断取得新进展新突破，推动高质量发展道路越走越宽，让创新创造社会财富的活力竞相迸发、源泉充分涌流，奋力建设好现代化新广东，切实推动广东在推进中国式现代化建设中走在前列，为强国建设、民族复兴作出新的更大贡献！

在中华人民共和国成立75周年、中山大学建校100周年之际，中山大学中共党史党建研究院组织专家撰写的《奋力建设现代化新广东研究丛书》的出版，具有重要的政治意义和纪念意义。同时，这套丛书也是国家社科基金重大招标项目《中国共产党百年奋斗中坚持敢于斗争经验研究》（项目号：22ZDA015）的阶段性成果，丛书的出版也有一定的学术意义。

希望这套丛书在深化对党的二十大精神和习近平总书记视察广东重要讲话、重要指示精神如何在岭南大地落地生根、结出丰硕成果的研究阐释方面立新功，在深化对广东推进中国式现代化的创新举措和发展经验研究方面谋新篇，在推动中山大学围绕中央和地方经济社会发展需要开展对策研究和前瞻性战略研究方面探新路。

是为序。

中山大学中共党史党建研究院

2024年8月

目

CONTENTS

录

2 第二章
广东生态文明建设的突出成就、典型样板和历史经验

3 第三章
推进广东生态文明建设的总体布局

4 第四章

充分发挥广东生态文明建设的综合效益

5 第五章

提升广东生态文明建设治理水平

第六章

强化广东生态文明建设组织保障

　　生态文明建设关系人民福祉，关乎民族未来。新中国成立以来，党中央历代领导集体立足基本国情，持续探索生态环境保护与经济发展之间的关系，尤其是改革开放以来，国家发展转向以经济建设为中心，着眼于社会主要矛盾的发展变化，从"植树造林，绿化祖国，造福后代"，到"经济建设与资源、环境相协调"的可持续发展战略，从"科学发展观"到"新发展理念"和坚持"绿色发展"，再到习近平生态文明思想，意味着我国生态文明建设探索贯穿于实现中华民族伟大复兴中国梦的宏伟历程之中。党的十八大以来，以习近平同志为核心的党中央将生态文明建设置于前所未有的高度，大力推动生态文明理论创新、实践创新、制度创新，创立了习近平生态文明思想，为新时代我国生态文明建设提供了根本遵循和行动指南。党的十九大报告更是将建设生态文明提升为"中华民族永续发展的千年大计"，"美丽"被纳入国家现代化目标之中。在党的二十大报告中，习近平总书记擘画了全面建设社会主义现代化国家、以中国式现代化全面推进中华民族伟大复兴的宏伟蓝图，强调必须牢固树立和践行绿水青山就是金山银山的理念，站在人与自然和谐共生的高度谋划发展。习近平生态文明思想是习近平新时代中国特色社会主义思想的重要组成部分，是在我国生态文明建设实践成果和既有经验基础上的重大理论创新，是新时代推进美丽中国建设、实现人与自然和谐共生现代化的强大思想武器，为实现中华民族永续发展提供了根本指引。

　　党的十八大以来，党中央把生态文明建设作为关系中华民族永续发展的根本大计，开展了一系列开创性工作，决心之大、力度之大、成效之大前所未有。尽管生态文明建设从理论到实践都发生了历史性、转折性、全局性变化，美丽中国建设迈出重大步伐，但是我国生态环境保护结构性、根源性、趋势性压力尚未根本缓解，生态文明建设仍处于压力叠加、负重前行的关键期。生态文明建设是经济、政治、社会、文化建设的前提和基础，没有良好的生态环境，人们无法持续生存和发展；经济、政治、社会、文化建设的成果为生态文明建设提供支持和保障，直接影响生态文明建设的情况和水平。生态文明建设是实现人与自然和谐共生的现代化的必然要求，是满足人民群众对美好生活向往的必然要求，是推动高质量发展的必然要求，也是构建人类命运共同体的必然要求。在天蓝、地绿、水净的优美的自然生态环境中享受极大丰富的物质文明和精神文明，是每一个中国人的梦想，也是建设美丽中国、实现人与自然和谐共生的现代化的目标追求。

改革开放40余年来，广东在经济发展方面领跑全国，新征程上又承担着"在推进中国式现代化建设中走在前列"的新使命①。作为改革开放的排头兵、先行地、实验区的广东，在我国改革开放和社会主义现代化建设大局中具有十分重要的地位和作用。改革开放以来，党中央高度重视广东各项工作，邓小平同志强调物质文明和精神文明"两手抓，两手都要硬"，江泽民同志明确我国经济社会发展要走可持续发展的道路，胡锦涛同志更加注重可持续发展和统筹人与自然和谐发展。在历届领导集体关于生态文明建设理念的指引下，广东始终保持敢闯敢试、敢为人先的勇气和魄力，大胆探索和实践经济发展与生态环境保护之间的协调发展之路。尤其是进入新时代以来，习近平总书记在重要节点和关键时期为广东发展及

---

① 《坚定不移全面深化改革扩大高水平对外开放 在推进中国式现代化建设中走在前列》，《人民日报》2023年4月14日。

时把关定向，先后四次亲临广东视察，两次参加全国人大广东代表团审议，多次对广东生态文明建设和生态环境保护工作提出明确要求，传递出对广东为社会主义现代化建设作出新的更大贡献的深切期待。在生态文明建设方面，广东所面临的机遇和挑战在全国范围来讲具有一定的共性。因此，把广东的事情办好，系统总结生态文明建设过程中的经验与做法，既是着眼广东一省，更具有全国意义。广东推进生态文明建设和坚持绿色发展的鲜活经验，为推动高质量发展增添了绿色底色，这些经验与做法必将在全国起到示范带动作用。

随着保护环境被确立为基本国策，广东生态环境保护工作逐步扎实推进。早在1985年，广东就提出了"五年消灭荒山，十年绿化广东大地"，1995年后又开启新一轮"绿化广东"大行动。2004年，广东首次提出建设"绿色广东"，以期建设人与自然和谐的绿色生态。2012年，党的十八大报告提出"把生态文明建设放在突出地位，融入经济建设、政治建设、文化建设、社会建设各方面和全过程，努力建设美丽中国，实现中华民族永续发展"。[①]2012年5月，广东省第十一次党代会报告中首次提出要实施绿色发展战略、走生态立省道路，同年，广东出台了《关于进一步加强环境保护推进生态文明建设的决定》，由此广东开启新时代生态文明建设新实践。2012年12月，习近平总书记视察广东时，要求紧紧抓住生态文明建设工作，为子孙后代留下天蓝、地绿、水净的美好家园。随后，广东的生态文明建设工作被提到前所未有的高度。2013年，广东省政府工作报告提出了建设"美丽广东"的决策，要坚持节约优先、保护优先、自然恢复为主，加强节能减排和污染防治，推进绿色、循环、低碳发展，建设美丽广东。2016年，广东省环境保护"十三五"规划指出，以改善环境质量

---

① 胡锦涛：《坚定不移沿着中国特色社会主义道路前进　为全面建成小康社会而奋斗——在中国共产党第十八次全国代表大会上的报告》，人民出版社2012年版，第39页。

为核心，实施绿色发展战略，大力推进生态环境保护，打造珠三角国家绿色发展示范区，建设生态文明示范省和美丽广东。2017年5月，广东省第十二次党代会报告中专门提出大力推动绿色发展，实现美丽与发展共赢，绿水青山就是金山银山，构建绿色发展空间格局，坚决打好污染防治"三大战役"，加快推动工业绿色化发展，倡导绿色生活方式。2018年，中共广东省委十二届四次全会提出，广东必须坚决打好污染防治攻坚战。省委、省政府坚持把生态文明建设作为重要政治任务，将污染防治攻坚战纳入全省"1+1+9"工作部署的重要内容。2022年12月，中共广东省第十三届委员会第二次全会通过《中共广东省委关于深入推进绿美广东生态建设的决定》，提出要突出"绿美广东"引领，高水平谋划推进生态文明建设，吹响了新时代绿水青山就是金山银山的广东号角，为广东在新时代新征程中走在全国前列、创造新的辉煌提供"绿美"生态支撑。从"绿化广东""绿色广东""美丽广东"到"绿美广东"，广东生态文明建设工作一脉相承、与时俱进。广东作为改革开放的排头兵、先行地、实验区，在经济发展领跑全国的同时，生态文明建设工作也坚持走在前列，逐步打造人与自然和谐共生的绿美"广东样板"，走出新时代绿水青山就是金山银山的广东路径。广东生态文明建设工作紧紧围绕和服务于党中央的战略部署，积累了独具岭南特色的建设经验。系统总结并推广广东生态文明建设的宝贵经验，对于进一步加强广东全省乃至全国生态文明建设，筑牢中华民族伟大复兴绿色根基，实现中国式现代化和高质量发展有着重要的理论价值和实践意义。

第一章

广东生态文明建设的理论基础与重大意义

新中国成立以来，在以毛泽东同志、邓小平同志、江泽民同志、胡锦涛同志为主要代表的中国共产党人的领导下，我国生态文明建设工作持续推进。党的十八大以来，习近平总书记始终高度重视生态文明建设，我国生态文明建设取得了巨大的历史成就，进入社会主义生态文明新时代。习近平生态文明思想继承与发展了中华优秀传统文化中的自然观和马克思主义生态观，是在我们党长期以来尤其是新时代以来对生态文明建设进行艰辛探索的实践基础上形成的新思想和新观点。广东是改革开放的排头兵、先行地、实验区，在中国式现代化建设的大局中地位重要、作用突出，在生态文明建设方面的实践探索为新时代我国生态文明建设工作提供了生动范例。

习近平总书记多次亲临广东，对广东生态文明建设和生态环境保护工作提出要求，是推进广东生态文明建设工作必须长期坚持的重要指导方针和行动指南。2012年12月习近平总书记在广东考察工作时指出："我们在生态环境方面欠账太多了，如果不从现在起就把这项工作紧紧抓起来，将来付出的代价会更大。"[1]2018年10月习近平总书记视察广东时，要求广东"要深入抓好生态文明建设，统筹山水林田湖草系统治理，深化同香港、澳门生态环保合作，加强同邻近省份开展污染联防联治协作，补上生态欠账"[2]。2020年10月习近平总书记在潮州市考察期间强调："要抓好韩江流域综合治理，让韩江秀水长

---

① 《习近平关于社会主义生态文明建设论述摘编》，中央文献出版社2017年版，第3页。
② 《高举新时代改革开放旗帜 把改革开放不断推向深入》，《人民日报》2018年10月26日。

清。"[1]2023年4月，习近平总书记在湛江考察时强调："要坚持绿色发展，一代接着一代干，久久为功，建设美丽中国，为保护好地球村作出中国贡献。"[2]广东牢记习近平总书记重要讲话和视察广东重要讲话、重要指示精神，深入学习贯彻习近平生态文明思想，切实把思想和行动统一到习近平总书记、党中央决策部署上来，把坚持"两个确立"、做到"两个维护"落实到加强生态环境保护、推进广东生态文明建设的实际行动上。

 一　广东生态文明建设的理论基础

　　广东生态文明建设工作紧密围绕党中央关于生态文明建设的战略部署。以毛泽东同志为代表的党的第一代领导集体开始初步探索环境保护工作，治水治国、绿化祖国的号召从新中国成立初期便已贯穿在国民经济恢复过程中。尤其是改革开放以来，环境保护被确立为基本国策，可持续发展战略、科学发展观被陆续提出，为我国生态文明建设提供了理念指导。党的十八大以来，在继承马克思主义生态观和历届党中央生态文明建设思想的基础上，以习近平同志为核心的党中央，开启了中国特色社会主义生态文明新时代崭新篇章，把生态文明建设作为统筹推进"五位一体"总体布局和协调推进"四个全面"战略布局的重要内容，在此过程中一系列新理念新思想新战略应运而生，形成了习近平生态文明思想。在习近平生态

---

① 《以更大魄力在更高起点上推进改革开放　在全面建设社会主义现代化国家新征程中走在全国前列创造新的辉煌》，《人民日报》2020年10月16日。
② 《坚定不移全面深化改革扩大高水平对外开放　在推进中国式现代化建设中走在前列》，《人民日报》2023年4月14日。

文明思想指导下，我国生态文明建设取得了举世瞩目的成就，从理论到实践都发生了历史性、转折性、全局性变化，美丽中国建设迈出重大步伐，生态环境实现了天更蓝、地更绿、水更清的转变。习近平生态文明思想具有很强的政治性、思想性、针对性和指导性，其中所蕴含的新生态自然观、新经济发展观、新生态系统观和新民生政绩观的核心理念，为全面推进广东生态文明建设提供了科学的理论指导。

（一）新生态自然观

人与自然的关系是人类社会最基本的关系，是马克思主义生态观的核心思想。在继承马克思主义生态观的基础上，我国历届领导人不断探索人与自然之间的关系。早在20世纪80年代初，保护环境就被确立为基本国策，随后可持续发展被确立为国家战略，我国开始了一系列污染防治工作，启动了退耕还林、退耕还草、保护天然林等一系列生态保护重大工程。党的十六大以来，党中央、国务院提出树立和落实科学发展观、构建社会主义和谐社会、建设资源节约型和环境友好型社会、促进人与自然的和谐等新思想新举措。党的十八大以来，生态文明建设被置于前所未有的高度，并提出了人与自然和谐共生的中国式现代化新道路。我们党围绕生态文明建设的种种探索，为实现人与自然之间的和谐发展指明了方向。人与自然和谐共生的新生态自然观从根本上破除了人类中心主义的盲目自信和反人道主义的价值立场，重新定义了人与自然内在的共生关系，是马克思主义人与自然关系理论的当代发展。

习近平生态文明思想将"人与自然和谐共生"看作是必须坚持和遵循的生态文明理念。习近平总书记在党的二十大报告中强调："大自然是人类赖以生存发展的基本条件。尊重自然、顺应自然、保护自然，是全面建设社会主义现代化国家的内在要求。"①中国式现代化的重要特征和本质要求是人与自然和谐共生。习近平总书记指出："人因自然而生，人与自然是一种共生关系，对自然的伤害最终会伤及人类自身。"②"共生"一词表明，人与自然之间形成了相互依赖、彼此有利、不可分割的关系。人的生存与发展离不开大自然，自然界为人类的生产、生活、发展提供了广阔空间，是人类赖以生存的基础；同时，自然界也离不开人的活动参与，人类在顺应自然、尊重自然、爱护自然的基础上利用和改造自然，在自然界打上人类实践活动的烙印。

一方面，人与自然和谐共生意味着人类必须尊重自然、顺应自然、保护自然，不要试图征服自然。恩格斯曾警醒人类："我们不要过分陶醉于我们人类对自然界的胜利。对于每一次这样的胜利，自然界都对我们进行报复。"③在人与自然的关系上，"人类中心主义"以功利性的态度对待自然界，通过征服自然，过度开发、肆意践踏自然来满足人类膨胀的私欲，将人与自然完全对立起来。中华民族向来尊重自然、热爱自然，绵延5000多年的中华文明孕育着丰富的生态文化，形成了"天人合一""道法自然"的古代朴素自然观，不少朝代通过专门设立掌管山林川泽的机构、制定政策法令来保护自然生态，表明了古人对待自然的基本态度。人类只有善待自然、按照自然规律活动，才能获得大自然的馈赠。在习近平生态文明思想视域中，人与自然是生命共同体，自然不是外在于人、同人相异化的存在，也不是供人类无限掠夺与索取的对象，而是人类赖以生存发展的基本条件。只有尊重自然、顺应自然、保护自然，才能更好地满足人类自身生存和发展的需要，实现中华民族的永续发展。

---

① 《习近平著作选读》第1卷，人民出版社2023年版，第41页。
② 《习近平著作选读》第1卷，人民出版社2023年版，第433页。
③ 《马克思恩格斯文集》第9卷，人民出版社2009年版，第559—560页。

另一方面，人类在尊重自然、顺应自然、保护自然的基础上，对自然的利用要取之有度、用之有节。农业文明时代，人类的生存依赖自然，受自然界的主宰，并只能在有限的条件下利用和改造自然以满足自身的生存与发展之需。进入工业文明时代，人与自然的关系发生了根本性转变，人们借助先进生产力和科学技术，以"征服者"自居于自然界之上，在高扬人类主体性和能动性的同时忽略了自然界对人类生存与发展的基础性、制约性作用。我国古代先贤强调要取之有度，孟子讲"斧斤以时入山林"，管仲制定了"以时禁发"制度，从中可见，传统文化中人与自然同生共荣的生态智慧，时至今日依然熠熠生辉。习近平总书记多次强调，如果人类善待自然，合理利用、友好保护自然，自然的回报常常是慷慨的；如果人类无序开发、粗暴掠夺自然，自然的回报必然是无情的。他曾举例说明，古埃及、古巴比伦以及我国的古楼兰、河西走廊和黄土高原，都由于过度开发、生态破坏而衰败。[①]因此，人与自然和谐共生的理念意味着人类不但要尊重自然、顺应自然和保护自然，还要在开发利用自然时节制自身行为，转变生产生活方式，在人与自然的生命共同体中，人与自然共生共存、和谐发展。

（二）新经济发展观

马克思主义认为，任何社会形态都是生产力和生产关系的有机统一体，生产力是人们利用和改造自然的能力，是一切社会发展的最终决定力量。马克思充分肯定自然界的价值和效用，在《资本论》中指出生产力包括"劳动的自然生产力"和"劳动的社会生产力"，其中"劳动的自然生产力"即指"劳动在无机界发现的生产力"。[②]生产力与自然环境密

---

① 《论坚持人与自然和谐共生》，中央文献出版社2022年版，第2页。
② 《马克思恩格斯全集》第26卷第3册，人民出版社1974年版，第122页。

切联系并相互影响，自然界中蕴含的自然资源和生态环境的状况，直接影响人类获取生产资料、获得生存发展的状况，自然环境条件的变迁、自然资源的存续等情况直接影响生产力的持续发展。因此，人类"决不像征服者统治异族人那样支配自然界，决不像站在自然界之外的人似的去支配自然界"①，而是要正确处理人与自然的关系，贯彻保护生态环境就是保护生产力，改善生态环境就是发展生产力的理念。改革开放以来，党中央、国务院高度重视可持续发展，追求经济、生态和社会的可持续发展，强调经济发展应当同保护资源、保护生态环境相协调。继而在科学发展观的指导之下，经济发展指向又好又快，更加注重经济发展的质量和效益，以应对粗放型经济发展方式带来的资源环境亮红灯、耕地逼近18亿亩红线、各类资源环境污染等问题，国民经济发展走上一条科学发展之路。进入新时代，习近平总书记反复强调"绿水青山就是金山银山"，生态环境保护和经济发展之间不是矛盾对立的，而是辩证统一、相辅相成的关系。这些富有中国智慧的生态文明思想与理念深刻阐明了保护生态环境与发展生产力之间的辩证统一关系，创造性地发展了马克思主义生产力理论，为新时代我国实现高质量发展提供了科学指引。

习近平生态文明思想继承了马克思自然生产力理论，立足我国新时代发展实际，科学阐明"绿水青山既是自然财富、生态财富，又是社会财富、经济财富"，"保护生态环境就是保护自然价值和增值自然资本，就是保护经济社会发展潜力和后劲，使绿水青山持续发挥生态效益和经济社会效益"。②习近平生态文明思想将发展生产力与保护生态环境结合起来，充分肯定了良好的生态环境是促进生产力发展的关键要素和重要支撑，揭示了保护生态环境与发展生产力的有机统一、相辅相成的关系。过

---

① 《马克思恩格斯文集》第9卷，人民出版社2009年版，第560页。
② 《习近平著作选读》第2卷，人民出版社2023年版，第171页。

去一段时期，我们在追求经济快速发展的同时，粗放型的发展方式导致生态环境破坏、资源约束趋紧、环境污染严重等问题凸显，给经济可持续发展和民生福祉带来诸多负面影响。党的十八大以来，以习近平同志为核心的党中央顺应时代发展趋势和人民对美好生活的向往，直面我国经济社会发展过程中生态环境突出问题，改变过去依靠牺牲生态环境为代价换取经济一时发展的旧思路，贯彻创新、协调、绿色、开放、共享的发展理念，确立了"保护环境就是保护生产力"的新经济发展观。保护生态环境不仅可以满足人民日益增长的优美生态环境需要，而且可以推动实现更高质量、更有效率、更加公平、更可持续、更为安全的发展。"保护环境就是保护生产力"的新经济发展观推动生态优势转化为经济势能，为实现生产发展、生活富裕、生态良好的文明发展道路提供了科学的观念引导，指明了发展和保护协同共生的新路径。

（三）新生态系统观

马克思将自然当作是一个复合系统，这一生态系统观在我国得到了进一步的丰富与创新。改革开放以来，邓小平就一直强调环境保护工作，1978年9月，邓小平在唐山考察工作时指出："现代化的城市要合理布局，一环扣一环，同时要解决好污染问题。废水、废气污染环境，也反映管理水平。"[①]生态环境保护工作被视作一个系统工程，无论是植树造林活动，还是"三北"工程建设，都是以一种系统的观念看待生态环境问题。

江泽民同志在党的十四大上指出："要增强全民族的环境意识，保护和合理利用土地、矿藏、森林、水等自然资源，努力改善生态环境。"[②]

---

① 《邓小平年谱（一九七五——一九九七）》（上），中央文献出版社2004年版，第386页。
② 《江泽民文选》第1卷，人民出版社2006年版，第240页。

江泽民同志指出西部地区生态状况关系到全国生态安全，强调把西部地区生态环境保护和建设放到更加突出的位置。党的十七大第一次明确提出要建设生态文明，意味着我们党对生态文明建设的认识逐渐深化，胡锦涛同志在党的十八大上告诫全党，面对资源约束趋紧、环境污染严重、生态系统退化的严峻形势，必须树立尊重自然、顺应自然、保护自然的生态文明理念。

习近平总书记高度重视生态文明建设，进一步阐明了"山水林田湖草沙是生命共同体"的生态系统观。2013年11月，习近平总书记在对《中共中央关于全面深化改革若干重大问题的决定》作说明时，针对生态环境保护中存在突出的问题，提出了"山水林田湖是一个生命共同体"[①]的重要观点，强调对山水林田湖的管制与修复应当坚持统一保护、统一修复，避免头痛医头、脚痛医脚、顾此失彼的碎片化问题。2017年7月，习近平总书记强调建立国家公园体制时将"草"纳入"生命共同体"之中，"山水林田湖草是一个生命共同体"[②]。此后，2021年3月"两会"期间参加内蒙古代表团审议时，习近平总书记将"沙"纳入生态一体化保护和系统治理之中，"要统筹山水林田湖草沙系统治理"[③]，"山水林田湖草沙是不可分割的生态系统"[④]。至此，从最初的"山水林田湖"到"山水林田湖草沙"，"草""沙"陆续被纳入生命共同体之中，充分体现了生命共同体的系统性、整体性和全局性。

习近平总书记指出："生态是统一的自然系统，是相互依存、紧密联

---

① 《习近平著作选读》第1卷，人民出版社2023年版，第173页。

② 《敢于担当善谋实干锐意进取　深入扎实推动地方改革工作》，《人民日报》2017年7月20日。

③ 《完整准确全面贯彻新发展理念　铸牢中华民族共同体意识》，《人民日报》2021年3月6日。

④ 《共同构建人与自然生命共同体》，《人民日报》2021年4月23日。

系的有机链条。"①在习近平生态文明思想视域中，"山水林田湖草沙"是一个生命共同体，各个要素之间命脉相连、彼此依存、互惠共生，整个生态系统是一个有机生命躯体。中国传统文化中的自然观蕴含着对世界和自然的系统性认知，金木水火土，太极生两仪，两仪生四象，四象生八卦，循环不已，世间万物相互联系。习近平总书记指出："人的命脉在田，田的命脉在水，水的命脉在山，山的命脉在土，土的命脉在林和草，这个生命共同体是人类生存发展的物质基础。"②山川、林草、湖沼、水沙等彼此命脉相连、相互依存、循环共生，共同构成一体的自然系统，其中任何一个部分受到影响和破坏，都会波及整个生态系统，产生全局性的影响。在深入推动长江经济带发展座谈会上，习近平总书记强调："治好'长江病'，要科学运用中医整体观，追根溯源、诊断病因、找准病根、分类施策、系统治疗。"③中医整体观实际上就体现了以生态系统整体性的观点统筹治理山水林田湖草沙等生态要素。马克思主义唯物辩证法深刻分析了包括人类在内的整个自然生态系统，正如恩格斯所说："我们所接触到的整个自然界构成一个体系，即各种物体相联系的总体。"④自然界有机整体中的各种要素既彼此独立又相互联系、相互影响，要坚持发展地而不是静止地、全面地而不是片面地、系统地而不是零散地、普遍联系地而不是单一孤立地看待并治理自然界中的一切事务。山水林田湖草沙是一个生命共同体的新生态系统观，将自然看作一个有机生命躯体，是习近平生态文明思想对中国传统文化中"万物生生""天人合一"的自然观和马克思主义唯物辩证法的系统观思想继承和改造的结果，为我们重新理解自然、认

---

① 习近平：《推动我国生态文明建设迈上新台阶》，《求是》2019年第3期。
② 《论坚持人与自然和谐共生》，中央文献出版社2022年版，第12页。
③ 习近平：《在深入推动长江经济带发展座谈会上的讲话》，《求是》2019年第17期。
④ 《马克思恩格斯文集》第9卷，人民出版社2009年版，第514页。

识自然，提供了带有自身特质的新视角和遵循。

（四）新民生政绩观

建设生态文明，关系人民福祉，关乎民族未来。人民性是马克思主义最鲜明的品格，生态环境保护直接影响人类的生存与发展，也关系到人的自由全面发展终极目标的实现。正确认识生态环境保护与经济发展之间的关系，是我国能否顺利推进中国式现代化的重要问题。1983年3月12日，邓小平到北京十三陵参加义务植树劳动时对中直机关干部说："植树造林，绿化祖国，是建设社会主义，造福子孙后代的伟大事业，要坚持二十年，坚持一百年，坚持一千年，要一代一代永远干下去。"①实施可持续发展战略，就是要确保我国青山常在，绿水长流，资源永续利用，使子孙后代能够永续发展。生态文明建设的最终目的是为人民群众创造良好的生产生活环境，充分体现了科学发展观以人为本的核心立场。

在此基础上，习近平总书记强调："良好的生态环境是最公平的公共产品，是最普惠的民生福祉。"②这些重要论述，揭示了习近平生态文明思想保护生态环境的民生本质，致力于以绿色低碳、可持续和协调的发展道路取代传统粗放型发展方式，为人民群众提供优美生态环境，满足人民群众对美好生活的需求。中国共产党最重要的政绩是为民办事、为民造福，这种政绩不仅仅是经济增长的成绩单和国内生产总值增长率，同样也包括民生改善、社会进步、生态效益等全面反映各项事业发展的成绩单。我国社会主要矛盾已经转化为人民日益增长的美好生活需要和不平衡不充分的发展之间的矛盾，人民群众的生活追求从"要温饱"上升到生活环境要"更环保"，要"钱袋子"，更要"绿叶子"，对优美生态环境的需求

---

① 《邓小平年谱（一九七五——一九九七）》（下），中央文献出版社2004年版，第895页。
② 《习近平著作选读》第1卷，人民出版社2023年版，第113页。

愈发迫切，生态环境问题已成为越来越重要的民生问题。"五位一体"总体布局和"四个全面"战略布局把生态文明建设放到更加突出的位置，强调要实现科学发展，要加快转变经济发展方式，"以生态文明建设论英雄"成为政绩考核新导向。

我们要实现的是人与自然和谐共生的现代化，因此，我们不仅要创造更多物质财富和精神财富以满足人民日益增长的美好生活需要，也要提供更多优质生态产品以满足人民日益增长的优美生态环境需要。改革开放以来，我国取得举世瞩目的发展成就，但经济的快速发展以牺牲生态环境为代价，生态环境供给与需求的矛盾却日益突出。金山银山固然重要，但是绿水青山也是人民幸福生活的重要内容，良好生态环境是人类生存和发展的必备条件，是社会健康发展的重要标志。人们希望能够安居、乐业、增收，也希望能够拥有干净的水、新鲜的空气、安全的食品、优美的生态环境。习近平总书记强调："环境就是民生，青山就是美丽，蓝天也是幸福。"①只有放下"唯GDP"的思维定式，放弃竭泽而渔、杀鸡取卵的发展方式，以绿色发展理念重塑经济发展方式，才能从根本上改善生态环境，走出一条经济发展和生态环境和谐共生的新路。

习近平生态文明思想聚焦人民群众感受最直接、要求最迫切的突出环境问题，回应人民群众所想、所盼、所急，践行以人民为中心的发展思想，坚持生态惠民、生态利民、生态为民，把解决突出生态环境问题作为民生优先政绩。建立健全生态文明建设目标评价考核和责任追究制度、生态补偿制度、河湖长制、林长制、环境保护"党政同责"和"一岗双责"等制度，制定修订《环境保护法》等30多部生态环境领域相关法律和行政法规，持续深化省以下生态环境机构监测监察执法垂直管理、生态环境保

---

① 《习近平著作选读》第1卷，人民出版社2023年版，第434页。

护综合行政执法等改革，为生态文明建设保驾护航。通过采取诸多措施大力推进生态文明建设，解决民生之患、民生之痛，不断满足人民日益增长的优美生态环境的需要，提高人民群众对优美生态环境的获得感、幸福感和安全感。

二 广东生态文明建设的重大意义

当前，我国进入新发展阶段，迈上全面建设社会主义现代化国家、向第二个百年奋斗目标进军的新征程。贯彻落实新发展理念，加快构建新发展格局，推动高质量发展，满足人民群众对美好生活的需要，都对加强生态文明建设提出了新任务新要求。党的十八大报告提出了必须树立"尊重自然、顺应自然、保护自然"的生态文明理念[1]。党的十九大报告提出了到2035年"美丽中国目标基本实现"以及"在本世纪中叶建成富强民主文明和谐美丽的社会主义现代化强国"[2]。党的二十大报告提出了"促进人与自然和谐共生"，到2035年"广泛形成绿色生产生活方式，碳排放达峰后稳中有降，生态环境根本好转，美丽中国目标基本实现"。[3]坚持绿色发展是中国式现代化的实现路径，人与自然和谐共生是中国式现代化的价值导向。广东生态文明建设是践行习近平生态文明思想在广东落地生根的必然要求，是确保广东在推进中国式现代化建设中走在前列的应有之义，

---

① 胡锦涛：《坚定不移沿着中国特色社会主义道路前进 为全面建成小康社会而奋斗——在中国共产党第十八次全国代表大会上的报告》，人民出版社2012年版，第39页。

② 习近平：《决胜全面建成小康社会 夺取新时代中国特色社会主义伟大胜利——在中国共产党第十九次全国代表大会上的报告》，人民出版社2017年版，第29、19页。

③ 习近平：《高举中国特色社会主义伟大旗帜 为全面建设社会主义现代化国家而团结奋斗——在中国共产党第二十次全国代表大会上的讲话》，人民出版社2022年版，第24、24—25页。

是厚植广东实现高质量发展绿色底色的必由之路。

（一）是践行习近平生态文明思想在广东落地生根的必然要求

改革开放初期，广东得风气之先，在党中央赋予的各项优惠政策支持之下，经济飞速发展。但是伴随着经济高速发展，粗放型经济发展模式带来的环境污染问题愈发严重，全国范围内对整个环境污染问题的认识相对迟滞，人们在认识、资金和设备上的缺乏导致在应对环境污染问题时显得无比被动，尤其是珠三角地区河流污染、酸雨等问题涌现，生态环境持续恶化。随后，我国社会主义市场经济体制确立和不断完善，邓小平同志视察广东时提出"要上几个台阶，力争用20年的时间赶上亚洲'四小龙'"的要求①。作为改革开放先行地的广东，亟须解决经济快速发展与生态环境保护之间的协调关系，在推进改革开放和现代化建设进入新阶段中继续发挥先行示范作用。广东采取法律机制、投入专项资金、系统性治理行动等一系列强有力的举措，有效遏制了生态环境持续恶化的势头。党的十六大以来，党中央提出科学发展观，将生态环境保护工作摆在更为重要的战略位置，进一步加强生态文明建设仍然是广东在这一时期需要应对的重要内容。广东各方力量积极参与环境保护工作之中，通过积极引导经济发展与环境保护协调发展，加快完善环境保护立法工作，推动低碳发展等举措，生态文明建设取得很大进展。

进入新时代以来，生态文明建设从理论到实践都发生了历史性、转折性、全局性变化，美丽中国建设迈出重大步伐。究其原因，根本在于以习近平同志为核心的党中央坚强领导，在于习近平新时代中国特色社会

---

① 《学习邓小平同志南巡重要谈话》，人民出版社1992年版，第54页。

主义思想特别是习近平生态文明思想的科学指引。习近平生态文明思想系统回答了建设什么样的生态文明、怎样建设生态文明等重大理论和实践问题，把我们党对生态文明建设规律的认识提升到新高度。党的二十大对生态文明建设和生态环境保护工作提出了更高的要求，提出到2035年"广泛形成绿色生产生活方式，碳排放达峰后稳中有降，生态环境根本好转，美丽中国目标基本实现"的目标任务，围绕"推动绿色发展，促进人与自然和谐共生"作出重大部署。[①]但也要清醒认识到，我国生态环境保护结构性、根源性、趋势性压力尚未根本缓解，生态文明建设仍处于压力叠加、负重前行的关键期，今后五年是美丽中国建设的重要时期。必须深入贯彻习近平生态文明思想，坚持以人民为中心的发展思想，牢固树立和践行"绿水青山就是金山银山"的理念，保持战略定力，增强历史主动，站在人与自然和谐共生的高度谋划发展，才能实现中华民族的永续发展。

习近平生态文明思想是对人类生态文明思想的创新与发展，赋予了中国式现代化新道路丰富的生态意蕴。习近平生态文明思想为广东的生态文明建设指明了方向，对照党的二十大的战略擘画，立足广东所处历史方位、历史条件，广东牢固树立和践行"绿水青山就是金山银山"的理念，紧密围绕高质量发展的首要任务和中国式现代化的省域实践。广东省委、省政府深入贯彻习近平生态文明思想，深刻领悟"两个确立"的决定性意义，增强"四个意识"、坚定"四个自信"、做到"两个维护"，切实加强生态环境保护、推进广东生态文明建设，广东生态文明建设发生了历史性、转折性、全局性变化，充分证明了习近平生态文明思想的真理

---

① 习近平：《高举中国特色社会主义伟大旗帜 为全面建设社会主义现代化国家而团结奋斗——在中国共产党第二十次全国代表大会上的讲话》，人民出版社2022年版，第24—25、49页。

力量和实践伟力。绿美广东生态建设是新征程上广东全面落实习近平生态文明思想的必要之举，饱含着总书记对广东的殷切厚望。绿美广东生态建设是"美丽中国"在广东的具体省域实践，是广东生态文明建设的战略牵引，是对历届广东省委提出的十年绿化广东、建设林业生态省、新一轮绿化广东大行动等战略举措的继承和提升。"绿色"体现了生态环境保护与生产力发展之间的辩证统一、协调共生；"美丽"不仅意味着美丽宜居的自然生态环境，更意味着达到充满生活之美、社会之美、人民幸福的和谐有序的社会状态。新时期，广东省委、省政府坚持以绿美广东生态建设为牵引，奋力打造人与自然和谐共生的中国式现代化"广东样板"，不辜负习近平总书记的深切期待。

（二）是确保广东在推进中国式现代化建设中走在前列的应有之义

经济大省、人口大省、制造业大省是广东最为鲜明的标签，在经济发展领先一步的同时，也面临着资源环境约束趋紧、新旧生态环境问题交织的挑战，如何找准生态保护与经济社会发展的结合点成为先行广东的破题关键。改革开放四十多年来，广东敢为人先，在全国的发展中始终走在前列，在探索推进中国式现代化进程中取得举世瞩目的历史性成就。在生态文明建设领域，广东将生态文明建设融入全省改革发展全过程、各领域，"生态环境也经历了从全面恶化到局部改善再到全面改善的历程"，尤其是党的十八大以来，"广东的经济发展质量和环境质量都迈上了一个新台阶，不断开创生态文明建设新格局"[①]。南粤大地天更蓝、山更绿、水更清，环境更优美，良好生态环境已成为推进中国式现代化广东实践的重要

---

① 赵细康：《广东生态文明建设40年》，中山大学出版社2018年版，第2页。

发展优势。一直以来，广东聚力打好打赢污染防治攻坚战，深入推进生态保护和修复，多措施服务高质量发展，积极探索以生态优先、绿色发展为导向的高质量发展道路。

中国式现代化是人口规模巨大的现代化，是全体人民共同富裕的现代化，是物质文明和精神文明相协调的现代化，是人与自然和谐共生的现代化，是走和平发展道路的现代化。其中，"人与自然和谐共生"是中国式现代化的鲜明特点，同时也是中国式现代化的独特生态观。改革开放以来，我国一度走上了一条高消耗、高污染、高排放的粗放型发展道路，不可避免地带来生态环境破坏、资源浪费、人民健康和社会稳定受影响等严重问题。但是，党的十八大以来，我们加强党对生态文明建设的全面领导，把生态文明建设摆在全局工作的突出位置，作出了一系列重大战略部署。可以说，中国的现代化进程就是不断在经济社会发展与生态环境保护之间寻求平衡的过程，是不断调整人与自然关系的过程。我们要建设的现代化是人与自然和谐共生的现代化，既要创造更多物质财富和精神财富以满足人民日益增长的美好生活需要，也要提供更多优质生态产品以满足人民日益增长的优美生态环境需要。

党的十八大以来，生态文明建设被置于现代化建设全局的突出地位。以习近平同志为核心的党中央把生态文明建设纳入"五位一体"总体布局和协调推进"四个全面"战略布局之中，坚持人与自然和谐共生是新时代坚持和发展中国特色社会主义的基本方略之一。绿色是新发展理念中的一项，污染防治是三大攻坚战中的一战，美丽中国是建成社会主义现代化强国目标，人与自然和谐共生成为中国式现代化的本质要求，在实现以中国式现代化全面推进中华民族伟大复兴的过程中，生态文明建设的战略地位和重大使命逐步得到了强化和升华。这充分体现了党中央对生态文明建设的高度重视，明确了生态文明建设在党和国家事业发展全局中的重要地位。只有建设良好的生态环境，中国式现代化才能有坚实的生态基础；只有实现人与自然的和谐共生，才能实现人与人、人与社会的和谐发展。

2023年4月，习近平总书记在广东考察时强调，要坚持绿色发展，一代接着一代干，久久为功，建设美丽中国，为保护好地球村作出中国贡献。《中共广东省委关于深入推进绿美广东生态建设的决定》为走出新时代"绿水青山就是金山银山"的广东路径绘制了"路线图"。"绿美广东"，首要在"绿"：绿色的自然生态环境，绿色经济社会发展方式，以及绿色转型驱动生态优势转化为经济优势。"绿美广东"之"美"，兼具自然属性和社会属性。首先指称的是一个生态学意义上的概念，天蓝、地绿、山青、水净优美宜居的生态环境，人与自然走向和谐共生。在更高的程度上，"美"不仅包含自然生态之美，更涉及人们在满足基本的物质生活需要之后，对美好生活的需求从生态环境之美拓展到发展之美、生活之美、人文之美等维度，致力于达到人与自然、人与人、人与社会的和谐共生。广东自觉践行习近平总书记提出的"绿水青山就是金山银山，保护生态环境就是保护生产力，改善生态环境就是发展生产力"的理念[①]，以绿美广东生态建设为战略牵引，系统推进生态建设与保护，不断提高生态环境治理能力，奋力打造人与自然和谐共生的中国式现代化"广东样板"。

（三）是厚植广东实现高质量发展绿色底色的必由之路

改革开放初期，广东经济快速增长，但这一时期的增长方式主要是粗放型增长，依托资源能源的投入与扩张，而后广东面对资源环境恶化趋势，在强调经济发展的同时，开始注重环境质量的改善。进入新世纪，广东更加注重经济增长方式的转变，将创新、绿色、低碳循环发展等新理念

---

① 《中国政府白皮书汇编（2021年）》下卷，人民出版社、外文出版社2022年版，第850页。

运用到经济发展之中。在十四届全国人大一次会议上，习近平总书记着眼于全党全国人民的中心任务，强调"在强国建设、民族复兴的新征程，我们要坚定不移推动高质量发展"①。高质量发展是基于生态文明框架下的概念，是体现新发展理念的发展，必须坚持创新、协调、绿色、开放、共享发展相统一。绿色是高质量发展的底色，提高人民福祉是高质量发展的目的。习近平总书记反复强调，"绿水青山就是金山银山""山水林田湖草沙是一个生命共同体，要一体化保护和系统治理""以高品质生态环境支撑高质量发展，加快推进人与自然和谐共生的现代化"②。习近平总书记2023年7月18日在全国生态环境保护大会上的重要讲话，为进一步加强生态环境保护、推进生态文明建设、推动高质量发展提供了方向指引。

党的十八大以来，广东直面生态环境问题，突出的水污染问题得到极大改善，截至2022年底，全省劣Ⅴ类国考断面全面消除，并且水质优良率（Ⅰ—Ⅲ类）达92.6%，创有考核以来最好水平。全省PM2.5平均浓度再创新低，为20微克/立方米，连续三年达到世界卫生组织第二阶段目标，为近年来最好水平。其中，珠三角PM2.5平均浓度在全国"三大经济圈"中又率先降至"1字头"，为19微克/立方米，实现经济与环境的协调发展。"广东还全面完成土壤污染状况调查，不断提升对固体废物、危险废物等的处置能力。"③经过长期努力，广东生态文明建设硕果累累，持续改善的生态环境为实现高质量发展打下了坚实的生态基础，对生态环境的高水平保护也倒逼高质量发展，以生态综合治理为契机，经济社会发展全面绿色转型，从而塑造绿色发展的新动能、新优势，加快形成科技含量高、资

---

① 《在第十四届全国人民代表大会第一次会议上的讲话》，《人民日报》2023年3月14日。
② 《全面推进美丽中国建设　加快推进人与自然和谐共生的现代化》，《人民日报》2023年7月19日。
③ 《让绿色成为高质量发展鲜明底色》，《南方日报》2023年4月11日。

源消耗低、环境污染少的产业结构。比如，潮南印染中心的汕头市丰诚织染有限公司，以入园为契机改进生产线，园区统一处理污水。茅洲河畔的旧工业物流园变身为科技展示与生态体验交融共生的科技公园，吸引一批高新技术企业、高校相继入驻。东莞华阳湖，昔日黑臭的"龙须沟"已是国家湿地公园，吸引不少科技项目落户周边。实践证明，良好的生态环境蕴藏着无穷的经济价值，能够创造源源不断的综合效益，也是实现高质量发展的重要途径。根据党中央作出的推进碳达峰碳中和的重大战略决策，广东率先探索"双碳"治理新路径、新模式，推动产业结构优化升级，其中要加快淘汰落后产能，推动传统产业数字化、智能化、绿色化融合发展，大力发展低碳经济、低碳能源，坚定不移走生态优先、绿色低碳的高质量发展道路。

《中共广东省委关于深入推进绿美广东生态建设的决定》为走出新时代"绿水青山就是金山银山"的广东路径绘制了"路线图"，提出加快构建绿美广东生态建设新格局，实施"六大行动"，描绘了到2027年及2035年绿美广东的目标愿景。在"绿色"方面，一是"推窗见绿"，通过构建点状绿色生态空间、连接带状绿色生态空间、拓展片状绿色生态空间，打造绿色的自然生态环境，使人民群众"打开窗户"便能看到绿水青山，享受高质量的生态福利；二是"绿色发展"，贯彻"保护生态环境就是保护生产力，改善生态环境就是发展生产力"的理念，坚持生态优先、绿色发展的基本原则，坚定走绿色高质量发展之路；三是"以绿生金"，贯彻"绿水青山就是金山银山"的理念，推动生态环境优势转化为生态经济优势，通过发展绿色经济、低碳经济、循环经济，推动生态环境优势转化为生态经济优势，使绿水青山与金山银山从矛盾对立走向和谐统一，保护生态环境就是保护经济社会发展潜力和后劲，使绿水青山持续发挥生态效益和经济社会效益。在"美丽"方面，第一，指向"生态之美"，绿美广东生态建设不仅要让生态环境绿起来，更要美起来，人民群众能够拥有一个能遥望星空、看见青山、闻到花香的生产生活空间；第二，指向"发展之美"，"发展之美"体现的是绿色发展、可持续发展，是站在人与自然和谐共生的高度谋求高质量发展，绿色低碳的发展是可持续的、高质量的发展，更加强调生态保护、发展质量，为人民群众创造更加美好的生活；第三，指向"生活之美"，"绿美广东"贯彻习近平总书记的"两山"理论和以人民为中心的发展思想，在延续历届广东省委、省政府的政策部署的基础上，努力为人民群众创造一个清洁、安全、美丽的生活环境；第四，指向"人文之美"，优美的生态环境与文化融合，人与人、人与自然之间的关系实现和谐之美。绿美广东生态建设坚持以人民为中心的发展思想，增加高质量林业生态产品的有效供给，推动绿美生态服务均等化、普惠化，通过发展生态文化产业、开发具有岭南特色的生态文化产品、建造自然教育基地和自然博物馆、构建广东特色生态文化传播体系等，不断满足人民日益增长的优美生态环境需要。

进入新时代新征程，围绕高质量发展的首要任务，广东省委、省政府作出深入推进绿美广东生态建设的决定，高水平谋划推进生态文明建设的方向愈发明晰。生态本身就是经济，保护生态就是发展生产力，走好高质量发展这条根本出路，解决生态环境突出问题是必须跨越的重要关口。绿美广东生态建设是在更高视野下纵深推动生态文明建设，在原有基础上进一步夯实绿色发展底色，只有坚持绿色发展，继续把生态保护放在贯彻落实粤港澳大湾区建设等国家重大战略、"一核一带一区"建设的优先位置，协同推进经济高质量发展和生态高水平保护，才能不断塑造发展的新动能、新优势，持续增强发展的潜力和后劲。

第二章

广东生态文明建设的突出成就、典型样板和历史经验

与传统认知中经济大省高楼林立、水泥森林的形象不同，广东作为改革开放的排头兵、先行地、实验区，历来高度重视生态建设，先后实施了十年绿化广东、建设林业生态省、新一轮绿化广东大行动、绿美广东生态建设等一系列战略举措。尤其是党的十八大以来，广东省委、省政府在习近平生态文明思想的指导下，坚持把生态文明建设摆在全局工作的突出位置，科学谋划、强力推进，使广东生态环境发生了历史性、转折性、全局性变化，在生态治理、污染防治、能源利用、制度体系、生态效益方面成就突出，走出了环境质量改善与经济社会健康发展的双赢道路，广东的本色之美逐步彰显并日益提升。与此同时，广东始终秉持"敢试敢闯，敢为天下先"的广东精神，在打造人与自然和谐共生的中国式现代化"广东样板"的过程中，也形成了一系列具有自身特色和借鉴意义的生态文明实践经验。

 一 广东生态文明建设的突出成就

广东七十多年的生态文明建设之路，就是人与自然从矛盾冲突到和谐发展之路。从新中国成立到改革开放前夕，广东积极响应"绿化祖国"的号召，植树造林、兴修水利，生态环境初步改善；伴随改革开放的推进，广东继续敢为人先，接力进行生态建设，生态环境整体改善；党的十八大以来，广东坚定践行"绿水青山就是金山银山"的发展理念，逐步从"绿化"走向"优化""美化"，成功打造了全方位、立体化的生态格局，为广东在推进中国式现代化建设中走在前列提供了更加良好、坚实的生态环境保障。以成就类型为横轴、以重大时间节点为纵轴，系统梳理广东从新中国成立至今所取得的较为突出的成就，可以发现，广东生态文明建设具有明确的阶段性特征，焦点在变化，重点在调整。

（一）生态治理成就

森林是陆地重要的生态系统，广东历届省委、省政府高度重视林业建设。从新中国成立至改革开放前，全省森林覆盖率从19.4%提高到27.7%，改革开放至党的十八大前，森林覆盖率提高到57.3%，森林蓄积量由1.7亿立方米增加到4.83亿立方米，森林生态效益总值超过1.11万亿元，林业产业总值达3800亿元，连续多年位居全国第一。全省基本建成2720公里生态景观林带，林地面积达1097.16万公顷。党的十八大至2021年，森林覆盖率提升到58.74%，森林蓄积量由4.83亿立方米增加到6.24亿立方米，并且自然保护地从1990年的42个共1060平方公里增至377个，面积达169.5万公顷。2012年至2021年，广东共计完成造林和生态修复总面积4659.15万亩。（见图2-1）

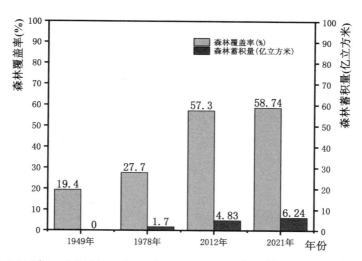

图2-1 1949年、1978年、2012年、2021年广东森林覆盖率、森林蓄积量
数据来源：《广东年鉴（2022）》，广东统计信息网。

新中国成立初期，广东缺林少绿、生态脆弱。面对这一生态发展困境，广东积极实施生态立省战略，深化林业改革。1953年，广东省农林厅创办广州龙眼洞、增城大埔、东莞樟木头、博罗罗浮山四个造林站。1956年，全国人大一届三次会议批准肇庆鼎湖山为国家级自然保护区，鼎湖山成为新中国第一个国家级自然保护区。1979年经国务院批准，鼎湖山加入世界自然保护区网，成为联合国教科文组织"人与生物圈计划（MAB）"森林生态系统定位研究站。同时，1956年，在荒芜的博贺村沙滩上试种成活我国第一条沿海防护林——博贺林带。从20世纪60年代起，广东以加强沿海基干林带建设为重点，逐步建立起以人工森林植被为主体的片、带、网、点相结合的多树种、多功能、多效益的沿海防护林体系。曾经寸草不生的沙滩成了林海之地，广东成为红树林数量全国第一的省份。

伴随着改革开放的不断推进，广东变荒山秃岭为满目苍翠，创下造林传奇。改革开放之初，素有"七山一水二分田"之称的广东仅余6900万亩森林，荒山却达5800万亩，超过了全省山地总面积的三分之一。1985年，广东提出了"五年消灭荒山，十年绿化广东大地"的规划，全省上下掀起了国土绿化的高潮，短短五年间全省造林5080万亩、封山育林1050万亩，95%的宜林山地成功披绿。[①]1991年3月，广东被国务院授予"全国荒山造林绿化第一省"荣誉称号，这一事件被当地居民列入"改革开放30周年最具影响力事件"，将其与率先创办深圳、珠海、汕头经济特区看作是同等重要的大事，生态文明意识在南粤大地逐渐生根发芽。2008年，广州市成功创建广东省首个"国家森林城市"。2009年，广东秉持"四个地位"和"四大历史使命"的中央林业工作会议精神，开始由传统林业向现代林业发展，用现代科学技术构建完善的林业生态体系、产业体系、文化体系，

---

① 《七十载赓续不绝 书写"绿色传奇"》，广东省林业局网站2019年9月27日。

全面开发和不断提升林业多种功能。

党的十八大以来，广东开始从求数量到要质量，开创绿色发展新局面。2013年，广东通过了《关于全面推进新一轮绿化广东大行动的决定》，提出通过十年左右的努力，将广东建设成为全国绿色生态第一省，全面推动森林碳汇、生态景观林带、森林进城围城、乡村绿化美化四大重点生态工程。2016年，广东正式启动珠三角地区国家级森林城市群建设工作。2018年，深圳市、中山市被授予"国家森林城市"称号，至此，珠三角9市已全部成功创建国家森林城市，珠三角国家森林城市群初步建成，共建设生态景观林带1.03万公里、碳汇造林1503万亩、绿化美化乡村上万个。①广东在创建森林城市的同时，提出了建设珠三角国家森林城市群的战略构想，这是全国首次提出建设国家森林城市群的概念。目前，广东正在逐步深化林城相依的格局，全省21个地市都加入了"创森"行列，韶关、始兴等27个县（市、区）加入了国家森林城市（县城）创建行列，拥有14个国家森林城市，广东全域创建国家森林城市局面已全面打开，"林城相依、林人相融"的布局正在逐渐构建。随着绿美广东生态建设的推进，更多生态效益正在加速释放，除了绿化还注重生态化、乡土化、多样化、文化、高值化。不再只专注于"含绿率"的提高，而是致力于在提升"含绿率"的同时解决森林质量总体不高、结构稳定性较差等重点问题。

从生态治理手段来看，新中国成立至改革开放前，广东主要是进行绿化荒山、风沙源治理、水土保持治理，以防御型为主；改革开放至党的十八大以前，则主要是以修复型、改善型为主。党的十八大以来，在得到修复的基础上，主要以源头治理为主，致力于从根源解决生态矛盾问题，在质的层面得到了根本突破。

① 数据来源：《广东年鉴（2019年）》，广东统计信息网。

（二）污染防治成效

广东在推进污染防治攻坚工作中，经历了一个从"宁愿呛死不愿守穷"到"绿水青山就是金山银山"的认知过程。改革开放后，随着广东经济持续快速发展，所面临的水资源、环境压力和挑战也愈来愈大，相继实施"碧水工程""蓝天工程"，逐步加强了环境保护措施和力度，工业"三废"治理率显著提高。1990年工业废水、废气处理设施总数分别为3336套、5766套，总投资80183万元、45450万元，到2000年工业废水、废气处理设施总数已增至6646套、10771套，总投资552497万元、388631万元，工业废水处理率从56.8%增至89.9%。[①]当前，广东省正在推进"无废城市"建设试点工作，已将珠三角部分城市列入"无废城市"试点。在大气环境方面，党的十八大前夕，全省城市空气质量良好，21个地级市空气质量均达到国家二级标准，其中梅州、河源、阳江和揭阳4市已达到国家一级标准。全省城市二氧化硫、二氧化氮年平均浓度分别为0.017毫克/立方米、0.027毫克/m^3，均达到国家一级标准；可吸入颗粒物年平均浓度为0.050毫克/m^3，达到国家二级标准。全省21个地级以上市在用集中式供水饮用水水源水质都保持优良，79.0%的断面水质优良（Ⅰ~Ⅲ类），84.7%的断面水质达到水环境功能区水质标准。截至2022年，可吸入颗粒物平均浓度再创新低，为22微克/m^3，连续4年达到世卫组织第二阶段目标，二氧化硫年平均浓度降为8微克/m^3，二氧化氮年平均浓度降为22微克/m^3。（见图2-2）全省58个县和2个经济开发区所在省的77个集中式供水饮用水水源达标率为100%，全省617个农村"千吨万人"饮用水水源达标率为94.3%，35个省控水库水质良好，149个国考地表水质优良率（Ⅰ—Ⅲ类）

---

① 数据来源：《广东年鉴（2000年）》，广东统计信息网。

达92.6%，270个省考断面水质优良率为92.2%，全省近岸海域年均优良水质面积比例为89.7%，创有考核以来最好水平。[①]

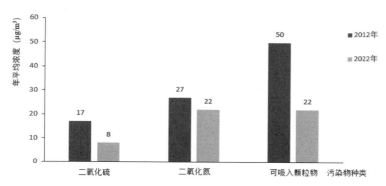

图2-2　2012年、2022年广东二氧化硫、二氧化氮、可吸入颗粒物年平均浓度
数据来源：《广东年鉴（2012年）》《广东年鉴（2022年）》，广东统计信息网。

同时，广东林网、水网、路网的融合发展初见成效，"关注就是力量，围观改变中国"这句话使广东最初萌发了绿道建设的想法。2010年广东起草通过的中国有关绿道的第一个官方文件《珠江三角洲绿道网总体规划纲要》，被列入省计划，并扩充到"珠三角绿道网计划"，6条线全长拟约1690公里。从2010年到2012年，珠三角绿道网省立绿道2372公里慢行径全线贯通，超额完成规划提出的1690公里的要求，18个城际交界面省立绿道互联互通，累计建成338个驿站。"截至2023年6月底，全省已累计建成碧道5712公里，新增生态岸线1867公里，生态岸线比例从34.6%增加至52.1%，新增绿化面积约6.9万亩。"[②]（见图2-3）珠三角的绿道建设带动了国内绿道建设潮，2010年开始，国内主要发达城市纷纷效仿，开启了各具特色的绿道规划与建设。之后，广东以河、湖长制为抓手，在治理基础

① 《2022年度广东省生态环境状况公报》，广东省生态环境厅网站2023年5月8日。
② 《省财政统筹安排资金推动绿美广东生态建设　超300亿元支持重大生态工程项目》，广东省人民政府门户网站2023年8月16日。

上再度升级建设碧道，多地的臭水沟、"酱油河"蝶变成水碧岸美的生态廊道。2019年以来，市县已统筹省级涉农资金16.37亿元支持高质量推进万里碧道建设。治水成效加速释放，滨水空间愈加舒适，让更多群众共享治水成果，广州阅江路碧道、深圳大沙河碧道、佛山东平水道碧道、东莞华阳湖碧道等已经成为百姓节假日休闲旅游目的地。广东生态文明建设不断结出硕果，持续改善的生态环境，已然成为广东经济绿色发展、群众生活品质提升的基底。

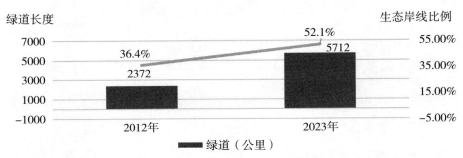

图2-3 2012年、2023年广东绿道长度、生态岸线比例
数据来源：广东省人民政府门户网站。

在污染防治方面，广东始终坚持"保好水、治差水"与"提升空气质量、造福广东百姓"的原则，对环境污染和生态受破坏等问题进行综合治理，使工业"三废"治理率显著提高。党的十八大以来，广东进一步深化山水林田湖草沙系统治理，全面补齐生态文明建设短板，人与自然和谐共生的良好局面正在广东形成。首先，在大气环境方面，自2015年起，大气六项主要污染物指标连续八年全面达标。其次，自2014年底广东省启动山区五市（韶关、河源、梅州、清远、云浮）中小河流治理以来，截至2022年12月，山区五市中小河流累计完成治理河长7500公里，占规划治理河长的90%。同时，截至2022年，广东农村生活污水治理

率超40%。^①

（三）能源利用和结构转型升级

以生态"含绿量"增发展"含金量"，经济结构绿色循环转型速度加快，清洁高效的能源利用体系逐步形成。生态环境问题归根到底是发展方式和生活方式问题。生态环境问题是在发展中产生的，也要靠发展来解决。广东逐渐改变了农村过去"以粮为一"的产业结构，将绿色资源作为发展资源。1980年5月，叶剑英在接见梅县地区干部时的讲话中就强调，"山区要搞好造林，有了林就有水，有山必有水，无水不成山"^②。向绿而美、绿能变金。多年来，广东依托良好森林资源，走出了一条生态富民和林业产业发展之路，进入了林业生态大省、林业产业强省发展的新阶段。改革开放前夕，广东第一产业、第二产业、第三产业的结构比例为29.8：46.6：23.6，党的十八大前夕，结构比例已调整为4.7：48.0：47.3，截至2022年，结构比例为4.0：40.4：55.6。

在这个过程中，第一产业比重呈现逐年递减的趋势，第二产业比重在党的十八大之前经历了上下浮动的变化，而在党的十八大之后则呈现递减趋势，第三产业比重主要呈现逐渐递增的趋势。从目前结构占比来看，可以发现，广东已经基本上建立起了以第三产业为主的绿色经济产业结构。自党的十八大以来，广东先进制造业、高新技术业和现代金融法律服务等服务业的比重都有了明显的上升，传统的、高污染的以及高能耗的产业比重呈现大幅度下降的趋势。

同时，广东坚持将减污降碳协同推进，一场以能源结构调整为基础的经济绿色低碳转型也在广东上演，能源利用实现了由粗放利用到清洁

---

① 数据来源：《广东年鉴（2022）》，广东统计信息网。
② 《叶剑英选集》，人民出版社1996年版，第558页。

高效的重大转变。1990年能源生产共1006.24万吨，原煤、原油、电力的比例为63.1∶7.0∶29.9；1995年天然气开始投入生产但比例仅为0.5%，原煤比例已降至29.1%；2009年原煤全面停止生产，能源总量已达4858.07万吨，原油、电力、天然气的比例为43.8∶38.5∶17.7；2012年能源总量已达5088.88万吨，原油、电力、天然气的比例为34.0∶44.2∶21.8；截至2022年能源总量已增至8892.72万吨，原油、电力、天然气的比例为28.0∶18.1∶53.9。同时，在生活用能源品种方面改善明显，从以煤炭为主转变为以电力为主，煤炭基本取消使用。1999年煤炭年人均生活使用量为56.77千克，2012年为6.48千克，至2022年仅为3.54千克，电力从1999年到2012年再到2022年，由63.90万千瓦时增加到594.74万千瓦时再到1040.97万千瓦时（见图2-4）。"2010年广东可再生能源装机仅有659.2万千瓦，而截至2020年底，已经达到了3298万千瓦。目前，广东已基本形成化石能源、新能源全面发展的能源供应格局"，"2022年，广东新能源新增并网容量约770万千瓦，累计并网容量突破3000万千瓦，占各类型电源总装机容量超20%"。①十多年来，广东推动碳排放权交易、碳普惠等试点示范走在全国前列，资源能源消耗强度大幅下降，高质量完成国家下达的碳强度等约束性指标。

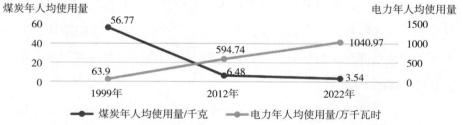

图2-4　1999年、2012年、2022年煤炭、电力年人均使用量
数据来源：《广东年鉴（2022）》，广东统计信息网。

---

① 《让绿色成为高质量发展鲜明底色》，《南方日报》2023年4月11日。

（四）生态文明制度体系逐步建立

生态文明建设实践中，广东在狠抓落实行动的同时，尤其注重体制机制创新，作出了很多卓有成效的探索与实践：在全国率先实施环保实绩考核制度，率先制定省级环境保护规划、区域性环保规划立法，率先实施生态严格控制区空间管制政策、启动碳排放权交易的试点等。此外，广东还实现了林业分类经营的重大变革，建立健全了生态公益林补偿制度，探索出"明晰产权、量化到人、家庭承包、联户合作、规模经营"的具有广东特色的林改新路，确立了农民的经营主体地位，2011年广东农民人均涉林收入已增至1792元。[①]党的十八大以来，广东省委、省政府进一步全面推进生态文明制度建设，在生态文明法律法规体系、生态环境监管和考核制度、生态保护补偿机制、环境责任追究制度等方面作出了卓有成效的探索和实践，逐步建立起并不断完善具有自身特色的生态文明制度体系。（见图2-5）在生态文明法律法规体系方面，制定自然资源产权、完善大气污染防治、水污染防治和海洋生态环境保护、国土空间开发保护等方面的法律法规，为广东生态文明建设提供了法律支撑；在生态环境监管和考核制度方面，建立生态环境保护督察制度，督促全省各级党委、政府全面落实"党政同责、一岗双责"，全面建立生态环境保护委员会体系，河长制、湖长制、林长制体系，构建起齐抓共管的"大环保"工作格局；在生态保护补偿机制方面，建立健全合理赔偿和补偿实践机制，如2014年中山市出台省内首个生态补偿实施意见，2016年制定出台了《关于健全生态保护补偿机制的实施意见》，全省生态补偿工作全面展开；在环境责任追究制度方面，建立生态环境损害责任终身追究制，制定出台了《关于加快构

---

① 《广东省国民经济和社会发展报告（2012）》，广东省发展和改革委员会网站2012年12月12日。

建现代环境治理体系的实施意见》等。

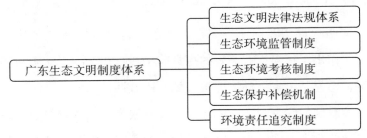

图2-5 广东生态文明制度体系

资料来源：中国政府网。

（五）生态效益日益转化为民生福祉

以新发展理念推动城乡协同联动发展，生态效益不断转化为民生福祉。生态文明建设是一场涉及思维方式、生产方式和生活方式的伟大变革，是一项基于理念支撑和公众参与的复杂而艰巨的系统工程。想要真正走好生态良好与经济发展的并行道路，让人民群众真实感受到生态效益、享受到生态福利是关键之处。党的十八大以来，广东省财政厅和各级财政部门加大支持力度，绿美广东生态建设叠加"百县千镇万村高质量发展工程"，创新"两山"转化的红利也已开始释放，竹下菌类、南药等种植走向成熟，精深加工、生态旅游等新业态方兴未艾。

目前，广东在约占全国4.2%的森林面积上，创造的林业产业总产值达到全国10%，连续十三年位居全国第一，计划到2025年，全省林业产业总产值突破1万亿元。截至2022年，人工造林面积达29.61万亩，主要林产品种类多样、产量增长迅速，其中油茶籽177622吨、竹笋干66153吨、板栗55592吨、松香类产品18.64吨、木材1264万立方米、大径竹30907万根。主要畜产品和水产品产量增长幅度明显，1978年海水产品、淡水产品分别有46.47万吨、19.03万吨，2012年增至408.92万吨、330.43万吨，截至

2022年已分别增至455.04万吨、429.47万吨。同时农林牧渔业总产值增幅明显，1978年仅85.94亿元，2012年增至4550.29亿元，截至2022年已增至8305.84亿元。其中，1978年各业产值分别为59.56亿元、4.98亿元、15.98亿元、5.42亿元，2012年分别为2060.91亿元、228.75亿元、1189.80亿元、908.12亿元，截至2022年分别为3951.14亿元、495.44亿元、1707.82亿元、1747.34亿元。同时，农村居民人均年纯收入提升较大，改革开放初期人均年收入为193.25元，党的十八大前夕增为10542.84元，截至2022年，已增至22306元。[①]根据数据显示，全部产值和收入自改革开放以来都呈现逐年递增的趋势，且党的十八大至今，十余年之间增幅显著，这无疑与广东在坚持习近平生态文明思想的基础上所取得的生态治理成就紧密相关。生态效益日益转化为民生福祉，宜居宜业和美乡村正在广东逐步建成。

毋庸置疑，新中国成立至改革开放前，广东为生态文明建设做出了十分重要的实践探索，为之后进一步深化建设奠定了基础。伴随着改革开放的不断推进，党中央对生态环境问题的重视程度与日俱增，通过了系列战略部署和政策扶持，广东在高度贯彻党中央指示的基础上，根据自身实际，始终坚持将经济发展与生态建设相结合，使二者之间呈现相互扶持、相得益彰的良好状态，在荒山秃岭改造、经济结构绿色转型、生态制度改革等方面实现了重大突破，对林网、水网、路网的融合发展作出了重大探索。党的十八大以来，广东牢记习近平总书记的深切关怀和殷切期望，坚定践行"绿水青山就是金山银山"理念，深化山水林田湖草沙系统治理，稳步推进碳达峰碳中和工作，推动经济社会发展实现绿色转型，让绿色成为高质量发展的鲜明底色。这一时期广东生态文明建设实现了从求数量到要质量的转变，整体完善与部分抓实、重点攻坚与协同治理紧密结合，将

---

① 数据来源：《广东年鉴（2022）》，广东统计信息网。

发展经验进一步上升为科学方法，系统性、整体性、协同性显著增强。

二 广东生态文明建设的典型样板

广东是绿色发展的践行者、先行者、示范地，自新中国成立至今，广东省委、省政府始终紧密围绕党中央关于生态文明建设的战略部署，不断致力于打造国家生态文明建设高地。新中国成立至改革开放前，广东积极响应以毛泽东同志为核心的第一代中央领导集体发出的"治水治国、绿化祖国"的号召；改革开放至党的十八大前，广东积极秉持以邓小平同志为核心的第二代中央领导集体提出的"协调发展"、以江泽民同志为核心的第三代中央领导集体提出的"可持续发展战略"、以胡锦涛同志为总书记的党中央提出的"科学发展观"，在此过程中作出的系列举措为打造生态文明建设的"广东样板"奠定了重要基础。党的十八大以来，广东进一步贯彻新发展理念，牢记习近平总书记为广东发展锚定航向的殷殷嘱托，"将改革开放继续推向前进"①，出台了一系列生态文明建设举措。在这个过程中成功打造了众多广东生态文明建设的典型样板，如提升森林质量的深圳样板、城乡一体绿美的珠三角模式、绿美保护地的南粤工程、广东绿道建设、古树名木保护的惠州经验，广东描绘出了天蓝、地绿、水清、景美的生态画卷，生态友好、全域大美、绿色崛起逐渐成为"绿美广东"最鲜明的底色。

---

① 《增强改革的系统性整体性协同性　做到改革不停顿开放不止步》，《人民日报》2012年12月12日。

（一）提升森林质量的深圳样板

四十多年的特区建设，使深圳从一个渔村迅速崛起为一座产业发达的一线城市，云集了华为、腾讯、比亚迪等享誉全球的创新型企业，每平方公里GDP产能居全国城市首位，这与深圳在生态空间品质和森林质量提升方面持续发力紧密相关。截至2023年，深圳森林覆盖率为39.2%[①]，深圳市盐田区、罗湖区、坪山区、大鹏新区、福田区、南山区、宝安区、龙岗区、龙华区、光明区等10个区先后被环境保护部评为"国家生态文明建设示范区"。其中南山区、大鹏新区、龙岗区先后入选"绿水青山就是金山银山"实践创新基地。深圳市也是唯一荣获国家生态文明建设示范市的副省级城市[②]，而福田区是全国大城市中唯一获得"国家生态文明示范区"的中心城区。深圳历来高度重视森林质量的提升，采取了一系列重要举措优化林分、提高林相，增强生态系统的稳定性和碳汇能力，逐渐形成深圳路径。

一是法律先行，科学规划，绿色政绩。在法律法规方面，2000年深圳就依据特区优势自主创新，制定并颁布6部地方性环保法规、6项政府规章和61个规范性文件[③]，初步形成适应社会主义市场经济和自身发展特色的地方环保法规体系，使生态文明建设走上依法治理的轨道。目前，"深圳现行的20多部生态环保类法规中约2/3是在国家相关法规尚未出台情况下先行制定的，有效解决先行示范区建设的制度制约"。[④]在生态措施方面，2004年深圳就已开始布局三级公园体系，即"自然公园—城市公园—

---

① 《深圳以高品质生态环境绘就绿色发展底色》，《深圳特区报》2023年8月15日。
② 刘晶、胡文婷：《党建引领深圳生态文明建设再创佳绩》，《环境经济》2020年第23期。
③ 车秀珍等：《深圳生态文明建设之路》，中国社会科学出版社2018年版，第31页。
④ 包瑞：《深圳生态文明建设的先行示范与未来进路——以习近平生态文明思想统领先行示范区建设》，《哈尔滨工业大学学报（社会科学版）》2021年第1期。

社区公园"。截至2022年，深圳建成各级各类公园1260个，绿道总里程达到3119公里。① 近年来，深圳有意识通过绿道串联山、林、城、湖、海、河，旨在夯实"山海连城 绿美深圳"建设，引领人民群众走向绿色低碳生活。此外，2005年深圳率先划定生态控制线，把全市近一半的陆域面积列入生态红线加以保护。在绿色核算体系方面，2016年深圳开始试点环境经济核算（绿色GDP2.0）② 并构建深圳市生态系统生产总值（GEP）核算体系③，截至2021年深圳已率先建立GEP核算体系。这为转变唯GDP政绩观奠定基础，也将绿色引入政绩，进一步巩固"绿美深圳"的制度保障。

二是保障资金投入，实行四级林长制，规划林业发展，优化树种结构。2017年，深圳就已经启动森林质量精准提升工程，当时预估投入资金10.6亿元。截至2018年，深圳完成治污保洁工程1450项，十年间完成投资557.25亿元。④ 除了比较充裕的资金，在管理层级上，深圳实行市、区、街道、社区四级林长制体系。据《深圳晚报》数据显示，2022年各级林长共1844名，巡林1948次，召开林长会议58次，共完成修复退化林10060.8亩，新造林抚育9014.22亩。⑤ 2023年5月18日，深圳启动"五年百万树木"城市绿化项目，计划在未来五年间，在市内道路、公园、户外步道、风景旅游区、单位及住宅附属绿地等城市绿地增种补植各类树木100万株以上。⑥ 在树种结构方面，科学选择绿化树种，多用乡土、碳汇能力强、景观效果好的树种，提高森林生态系统的稳定性和抗逆性。例如，福田区、南山区、宝安区等区积极推广优良乡土树种、引进优质树种，如红锥、红花荷、樟

① 《深圳城管勇当城市生态文明建设主力军》，《深圳特区报》2023年8月15日。
② 车秀珍等：《深圳生态文明建设之路》，中国社会科学出版社2018年版，第88页。
③ 车秀珍等：《深圳生态文明建设之路》，中国社会科学出版社2018年版，第91页。
④ 《深圳争当"美丽中国"建设新标杆》，新华网2016年7月6日。
⑤ 《[深圳] 春风拂新绿，植树正当时》，广东省林业局网站2023年3月13日。
⑥ 《深圳启动"五年百万树木"行动计划》，《深圳特区报》2023年5月19日。

树、红树林、火焰木等，不断优化林分结构。新近出台的《深圳市森林质量精准提升行动实施方案（2023—2027年）》设定了各区提升森林质量的具体任务，2023年全市需完成林分优化提升6100亩、新造林抚育9214亩、森林抚育提升24500亩。[①]

三是集约利用土地，公众参与发展立体绿化，建设公园、绿道，实现推窗见绿、出门见园，在寸土寸金的深圳见缝造绿，充分利用路边、桥边等边角地、细碎地。为增加绿色景观，2019年出台《深圳市立体绿化实施办法》鼓励全民发展立体绿化，政府进行相应的补贴。这一办法旨在鼓励全体市民"以建（构）筑物为载体，以植物为材料，以屋顶绿化、架空层绿化、墙（面）体绿化、棚架绿化、桥体绿化、窗阳台绿化、硬质边坡绿化等形式实施的绿化"。[②]此外，深圳重视建设公园、绿道等生态绿廊。"2022年，全市新增公园22个，公园总数达1260个；全年新建改造绿道368公里，其中远足径郊野径248公里，绿道总里程达3119.74公里"[③]，增进市民的"绿色福利"。

（二）城乡一体绿美的珠三角模式

珠三角城市群作为中国特大城市群之一，拥有良好的自然资源，优越的经济发展基础，较高的城镇化水平，具备建设世界级城市群的良好基础和有利条件。但其在城市化发展水平和环境竞争力方面与成熟的世界级城市群仍有差距。为有效解决珠三角城市群生态环境问题，珠三角城市群启动整体布局，逐步推进。至今，广东已建成124个森林城镇、100个国家森林乡村，新建自然生态文化教育场所829处、省级自然教育基地30个，自

---

① 《深圳发布2023年第1号林长令》，深圳市规划和自然资源局网站2023年4月3日。

② 《深圳市立体绿化实施办法》，深圳市光明区城市管理和综合执法局网站2019年3月5日。

③ 《深圳市2022年生态环境状况公报》，深圳市人民政府网站2023年7月31日。

然教育普及率达87.11%，珠三角已经"基本建成林城一体、生态宜居、人与自然和谐相处的森林城市群"①，形成了城乡一体化绿美的珠三角模式，这将为加快全国其他地区绿色城市群建设提供先行示范经验。

一是强化政策引导，优化顶层设计，基于岭南特色构建指标体系。广东省委高度重视珠三角森林城市群建设，制定了一系列鼓励森林城市建设的政策和法规，如《珠三角国家森林城市群建设规划（2016—2025年）》。同时，各市也结合自身实际，制定了一系列实施细则，形成了全面覆盖的政策体系。另外，优化顶层设计，因地制宜进行设计研究。珠三角森林城市群构建起基于岭南特色的多层次指标体系（见图2-6）②，并形成以国家森林城市创建达标率、森林生态屏障绿化率、森林小镇达标率、生态公益林比例、生态功能等级比例、自然湿地保护率、水网水质达标率、自然教育普及率、管理信息化普及率等9大核心指标为操作层的评价体系。通过政策引导和顶层设计形成制度体系合力，为落实珠三角森林城市群建设提供制度保障和反馈机制。

二是以人为本，在"五边""四旁"下足"绣花功夫"，镶嵌"金角银边"，提升人民群众的绿色福利。珠三角地区在城市群建设过程中，始终将生态保护放在首位，通过实施大规模的绿化工程，使得区域内的森林覆盖率持续提高。据统计，2021年珠三角9个城市组成的森林城市群区域森林覆盖率已达51.73%，"共拥有城市公园5792个、森林公园507个、湿地公园128个，公园绿地500米服务半径覆盖率100%，人均公园绿地面积达19.2平方米"。③

---

① 《我国首个森林城市群——珠三角国家森林城市群正式建成》，广东省自然资源厅网站2021年4月14日。

② 王文波等：《基于岭南特色的珠三角国家森林城市群指标体系研究》，《林业经济》2016年第8期。

③ 《珠三角地区人均公园绿地面积19.2平方米》，中国新闻网2019年11月30日。

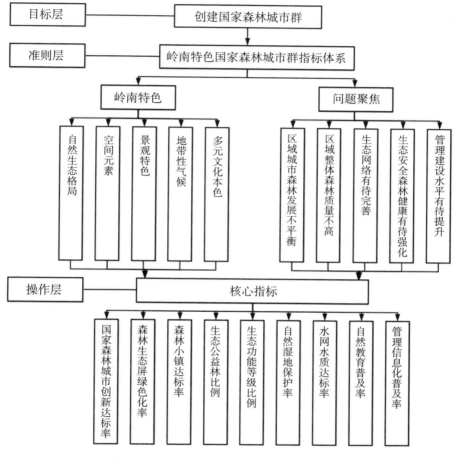

图2-6 珠三角城市群多层次指标体系

近年来，佛山在城乡一体绿美方面通过系列工程推进"五边""四旁"建设。佛山以道路整治为切入口，"持续推进'沿路两边、高架桥下'环境整治及景观提升行动，因地制宜规划建设生态公园、运动场、停车场等，把'边角余料'变成了'金边银边'"。①在城市，佛山通过系

---

① 《向美而行，让城乡更有颜值和品质》，《佛山日报》2023年6月14日。

统深度的空间整治、功能提升，增强城市的内涵和审美韵味，努力构建"诗意栖居"地。在农村，尊重村庄机理和特色，因势利导，直击群众关心的"卫生厕所、生活垃圾、生活污水"等关键小事，把"以人为本"落到实处。此外，佛山积极推动城乡面貌一体化建设，以半城山水满城绿的"绿美佛山"为目标，坚持系统治理。通过绿化网、碧道网、公园网与交通圈、商业圈、生活圈有机结合，将高品质绿岛、绿湖、绿岸、绿道建设与山边、水边、路边、村边的绿美工程联动起来，城里城外、园里园外、山里山外、水里水外一体推进，将好山好水好风光融入城乡建设，打造高水平城乡一体化绿美环境。

三是创新发展模式，加强城乡互动和区域协同，形成共治合力，共建共享森林城市。首先，珠三角森林城市群坚持"生态优先、绿色发展"的战略目标，积极推动生态旅游、生态农业等绿色产业的发展。以肇庆为例，依托"依山""傍水"的自然条件，将生态文明建设贯穿于全市产业、乡村、旅游"三大振兴"和 "三大工程"建设①，大力推动"旅游+文化""旅游+体育""旅游+农业""旅游+林业""旅游+康养"等新业态发展，走出一条具有肇庆特色的高质量发展之路。其次，通过新业态将城市的资本、人才和技术与农村资源禀赋有机结合，促进城乡深度融合，汇聚"共治"合力，"城市—镇街—乡村"联动协同推进城乡一体防控的环境治理。再次，珠三角地区注重区域协调发展，通过跨市合作，共同建设森林公园、湿地公园等公共绿地，为持续改善人居环境、打造世界级国家森林城市群奠定基础。

---

① "三大工程"建设：指工业发展、创新驱动发展、现代农业发展。

（三）绿美保护地的南粤工程

自然保护地汇聚着最重要和最宝贵的自然资源，为维护生态安全、建设生态文明，我国自2013年中共十八届三中全会以来着力推进以国家公园为主体的自然保护地体系建设。[①]2020年数据显示，广东共有自然保护地1115个，主要有七种类型：森林自然公园、自然保护区、湿地自然公园、地质自然公园、海洋自然公园、沙漠自然公园和风景名胜区。其中，自然保护区和森林自然公园是主体，数量占比77.94%，面积占比86.33%（见表2-1[②]）。近年来，为了打造山海相连、蓝绿交织的生态景观，讲好人与自然和谐共生的大湾区故事，广东着力打造绿美保护地的南粤工程，形成绿美保护地的初步经验。

表2-1 广东省自然保护地类型

保护地类型	保护地数量	数量占比（%）	保护地面积（公顷）	面积占比（%）
自然保护区	252	22.6	1567991.99	50.75
森林自然公园	617	55.34	1099359.45	35.58
湿地自然公园	185	16.59	144440.93	4.68
风景名胜区	30	2.69	134478.37	4.35
地质自然公园	18	1.61	87970.15	2.85
海洋自然公园	10	0.90	42327.38	1.37
沙漠自然公园	3	0.27	12847.2	0.42
总计	1115	100.00	3089415.47	100.00

一是省域统一规划，设定目标，逐步突破。从省域层面统筹保障了

---

① 何凯琪：《广东自然保护地空间分布特征与保护地群构建研究》，2022年广州大学硕士论文。

② 何凯琪：《广东自然保护地空间分布特征与保护地群构建研究》，2022年广州大学硕士论文。

绿美保护地建设的科学性和规范性，"应保尽保"，以实现可持续保护管理模式。2021年广东省印发《关于建立以国家公园为主体的自然保护地体系的实施意见》①，2023年9月印发《广东省绿美保护地提升行动方案（2023—2035年）》（以下简称《行动方案》），2023年10月发布《广东省生物多样性保护战略与行动计划（2023—2030年）》（征求意见稿）。其中《行动方案》提出将重点打造"三园两中心一示范"，明确了各个阶段的目标。到2027年，完成南岭国家公园的设立和丹霞山国家公园创建及评估；建立一批对全省自然保护地事业发展具有指导意义的示范性保护地，初步建成以国家公园为主体的自然保护地体系；高质量建设华南国家植物园和穿山甲保护研究中心；高水平建设国际红树林中心，打造具有国际影响力的红树林保护合作平台。到2035年，将南岭国家公园、丹霞山国家公园建设成为展示我国生物多样性保护和世界自然遗产保护成就的重要窗口；建设完成示范性自然保护区、自然公园、山地公园和郊野公园100个以上②，全面建成具有国内先进水平的自然保护地体系；华南国家植物园建设达到世界一流水准，形成以华南国家植物园和穿山甲保护研究中心为引领的动植物迁地保护体系；湿地生态系统服务功能显著增强，红树林等重要湿地区域保护修复成效显著。

二是点线面结合，重点突出，主次分明，构建自然保护地群生态网络。"三园两中心一示范"绿美保护地的大型南粤工程分布在南粤大地的各个部分，从规划布局看呈现点状分布，通过绿廊等连接成线，进而连接"城—山—海"的自然保护地群生态网络。重点打造南岭国家公园、丹霞

---

① 《中共广东省委办公厅 广东省人民政府办公厅印发〈关于建立以国家公园为主体的自然保护地体系的实施意见〉》，《南方日报》2021年6月18日。
② 《〈广东省绿美保护地提升行动方案（2023—2035年）〉印发 重点打造"三园两中心一示范"》，广东省人民政府门户网站2023年10月12日。

山国家公园，华南国家植物园；在广州建设穿山甲保护研究中心，设立深圳分中心，在南岭国家公园、深圳、河源、梅州、惠州、肇庆等地建立穿山甲保护研究中心野外监测基地、种源繁育基地，逐步攻克穿山甲保护和救护繁育技术难题，促进穿山甲野外种群复壮。编制《广东省植物迁地保护体系规划》，支持韶关、茂名、肇庆等有条件的地市建设植物园（树木园），提升深圳、佛山、惠州、东莞、怀集等地植物园（树木园）的迁地保护能力，对标国家植物园建设标准，高水平建设深圳市仙湖植物园。编制实施《广东省湿地保护规划（2023—2035年）》，高标准、高质量推进国际红树林中心建设。最终形成多地市联动，城山海一体的生态网络，将分散的生态板块连接起来，为物种迁移和物种交流提供安全的通道，进一步提高区域生物多样性。

三是依托"大数据+生态""科研+生态""旅游+生态"等模式，打造集教育、科研、旅游于一体的生态基地。首先，广东对绿美保护地的打造不仅仅是基于生态考虑，以南岭国家公园为例，广东旨在打造集教育、科研、旅游于一体的生态基地。南岭国家公园建设（2022年12月已上报国务院）是广东绿美保护地的重点项目，它位于广东省北部，是乳源县、阳山县、乐昌县和湖南省宜章县两省四县交界处，处于南岭山脉几何中心区位，分布有野生动植物5527种，其中野生高等植物记录分布有313科1457属4748种，陆生脊椎野生动物记录分布有5纲38目151科779种，是广东最大的生物物种基因库[1]，对于动植物区系的研究具有极为重要的意义。其次，依托大数据，建设"天空地"一体化保护管理、生态监测、生态教育和自然体验综合监测体系，打造智慧南岭信息化平台，使生态管理进入数字化时代。最后，以"旅游+生态"的模式规划以科普研学、生态教育为

---

[1] 《南岭国家公园（拟设）正式启动脊椎动物补充调查》，广东省林业局网站2023年11月9日。

主题的生态体验项目，规划建设国家公园自然博物馆、入口社区和外围小镇，全面提升生态旅游质量。

（四）广东绿道建设

早在2007年广东就开始绿道建设的探索，其中广州增城是中国绿道建设的最早的探索者。2010年广东在珠三角全面铺开绿道建设，并掀起"中国绿道运动"。目前广东绿道建设已经进入第三阶段，即绿道运营品质提升阶段。绿道建设与产业转型升级、建设宜居城乡共同发力，形成了绿道建设的典型样板。

一是以人为本，全方位打造面向人民群众和游客需求的绿道规划建设。首先，海陆全面规划，未来在高铁、公路、森林步道、古道、公园、海堤、滨海湿地等打造山海相连的绿道，增加人民的绿色福利。其次，在城市，将都市绿道与城市生活融合在一起，例如深圳淘金山绿道、大浪绿道等可供人民群众跑步、遛娃、吸氧、骑行等，增进人民群众的休闲福利；在景区，把绿道与慢休闲体验结合起来，例如盐田滨海栈道、深圳湾海滨栈道、大梅沙海滨栈道等依托景区和休闲绿道打造慢休闲体验系统，美化区域的同时，将景观与休闲结合起来。最后，依托绿道周边良好的生态和文化资源，把绿道塑造成文化休闲叠加的功能区，激活当地文化，例如深圳以人才绿道涵养人才生态。目前，"全省已建森林步道和绿道193公里、碧道461公里、生态海堤36公里"。[①]总之，绿道建设遵循着"以人为本"的原则，既有都市型绿道、郊野型绿道，也有生态型绿道，多层次满足人民群众和游客的不同需求，实现绿道"惠民""美区""兴文"的立体功能。

---

① 《凝心聚"绿"，书写人与自然和谐共生广东新篇章》，广东省林业局网站2023年8月10日。

二是搭建"+绿道+"平台，延伸产业链，进行产业升级。绿道作为一种线性空间，在广东有不少精品的路线，搭载"+绿道+"平台，将体育、文化、农业、节事与绿道结合起来，进而把民宿、农副产品、健康养生等生产、生活、生态和文化进行具象化的融合，使绿道不仅仅具有生态价值，更是延伸产业链的平台。以绿道和体育的具象融合为例，将绿道打造与居民和村民的生活区融合，让其成为全民健身的场地设施，如打造便民惠民的15分钟健身圈，或举办马拉松等健身活动。另外，绿道与民宿的结合既是"生态+旅游"的变现，也可以进一步带动当地绿色农副产品等产业发展。

三是以"1+1+N"的创新模式，将绿道建设成"三生一文"有机的融合体。① "1"是指有形的绿道本身；另一个"1"是指绿道所在地区的地方特色文化；"N"就是指业态的融合，"N"是绿道融合升级的重要部分，它将绿道与农业、文化、体育、研学、公益和文创结合起来，实现产业裂变和创新。具象化的绿道建设和当地特色文化的融入，以及新业态的融合，这将有助于激活地方特色文化，带动当地产业发展，在满足人民群众和游客需要的同时进一步通过文旅发展推进乡村振兴战略。在这个意义上，广东的绿道建设实现了当地产业生产发展、生态保护、生活休闲和文化体验的有机融合。

（五）古树名木保护的惠州经验

古树名木，是珍贵的自然遗产，是历史的"活化石"，承载着祖先的记忆和自然的馈赠。"广东省古树名木信息管理系统"（以下简称系统）

---

① 颜彭莉：《专访华南理工大学广东旅游战略与政策研究中心主任、广东省乡村振兴与旅游大数据工程技术研究中心主任吴志才 绿道"1+1+N"模式创新，引领绿道3.0时代》，《环境经济》2019年第8期。

显示，截至2024年6月14日，广东共有古树85643株、名木81株、古树群907个^①。

在逾8.5万株古树中，树龄500年以上的一级古树就有776株。系统显示，广东共有914个古树群，韶关、惠州、梅州分别为148个、144个、133个，分列前三；茂名、揭阳、广州、湛江的古树群均超过50个。惠州是21个地级市中古树名木最多的，超1.3万株；广州第二，有9967株；韶关第三，有8408株。（见图2-7）惠州的古树名木以其独特的科研、科普、历史、人文和旅游价值，成为惠州的一张绿色名片，同时形成保护古树名木的惠州经验。

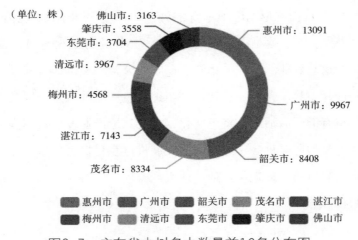

图2-7　广东省古树名木数量前10名分布图
数据来源：广东省林业局网站。

一是加强地方立法，做实林长制，形成长效保障。2015年5月28日，惠州成为广东省首批获得地方立法权的城市之一，自此惠州便积极推进在

_____

① 数据来源：广东省林业局网站广东省古树名木信息管理系统。

自然资源方面的立法、普法工作。《惠州市西枝江水系水质保护条例》《惠州市历史文化名城保护条例》《惠州市罗浮山风景名胜区条例》《惠州西湖风景名胜区保护条例》《惠州市扬尘污染防治条例》《惠州市市容和环境卫生管理条例》等6部实体性地方法规与《惠州市古树名木保护管理办法》及广东省绿化委员会印发的《关于加强古树名木保护管理的指导意见》一道形成法律体系，使惠州古树名木保护有法可依。另外，2021年惠州全面推行市、县（区）、乡镇（街道）、村四级林长体系。目前全市共设立各级林长5183名，共落实护林员2289人、明确监管员1109人。与此同时，还积极探索全面提升林长履职能力、林业体制机制创新能力和林业现代化治理能力的激励机制，开展常态化巡林，形成预防、抚育一体的护绿机制，落实"林有人管、事有人做、责有人担"的四级林长管理体系。①以上措施为保护古树名木提供了常态化的法治保障并形成常态化的管理机制。

二是为古树名木建档落户、设立专项经费，让古树名木老有所养、老有所依。一树一档，集成惠州市古树名木信息化管理系统，详细记录全市每一株古树名木的树高、树龄、生长状况等。同时，设立专项资金，让古树名木老有所养。据不完全统计，2015—2022年，惠州市"各级财政投入资金约800万元，主要用于古树名木的普查建档、古树名木信息数据库和管理系统的完善和维护、编印图册、宣传、抢救复壮等工作"。②依托专项资金组建树医团队、为古树名木投保，生成全省首单商业性古树名木救护保险。③

---

① 《念好"林"字诀 打造"绿富美"》，《南方日报》2023年9月22日。
② 《［惠州］守护"绿色瑰宝"让历史文脉"枝繁叶茂"》，广东省林业局网2022年11月11日。
③ 《全省首单古树名木救护保险落地惠州》，《惠州日报》2021年11月26日。

三是发展"古树名木+乡村旅游",将古树保护、文化传承和生态理念融入乡村振兴。近年来惠州市着力推进绿美古树,挖掘古树承载的集体记忆、乡土文化,以古树的沧桑历史为乡村振兴铸魂,让古树名木"在保护中利用、在利用中保护",从而实现生态建设和文化振兴的有机融合。博罗高桥村的古榄园就是惠州打造的一张"古树名木+乡村旅游"的生态旅游名片。古榄园有208棵平均树龄近200年的古榄树①,惠州市政府和村民共同发力,修整道路、建设绿道,打造特色生态公园,增进人民群众的绿色福利。与此同时,以古榄园为核心,不断推进三产融合发展,将古榄园打造成集观光、民宿、餐饮等产业于一体的乡村旅游示范项目。

(六)全民爱绿、植绿、护绿的肇庆方案

肇庆向来有植绿、爱绿、护绿的传统,20世纪70年代,肇庆怀集县发动万人参与"岳山造林"。在极为艰苦的条件下,上万怀集青年高质量完成3.5万亩造林任务,在粤中西部构筑起一道绿色的屏障。半个世纪过去,"岳山造林"的精神历久弥新。新时代,肇庆科学规划"一核二区三网四屏"②的生态布局,全面推进绿美肇庆建设。

"一核"指的是高品质建设端州、鼎湖、高要城乡绿化体系,发挥中心城区"绿核"引领作用;"二区"即高水平修复山水一线、生态绵延的西北部生态空间,高质量发展绿色低碳、集约高效的东南部产业空间,形成"二区"协调发展的良好格局;"三网"即优化提升绿道、碧道、古驿道等带状景观空间,建设林网、路网、水网"三网"融合的多彩生态廊道;"四屏"指的是严格保护鼎湖山、黑石顶、大稠顶、十二带等区域性山地森林系统,构筑四大生态屏障。为了实现这一生态新布

---

① 《惠州古树数量排名全省第一》,广东省林业局网站2023年9月21日。
② 《肇庆持续兴起全民植绿护绿爱绿新热潮》,《西江日报》2023年5月9日。

局需要全民参与，厚植"绿色根基"，为此形成全民爱绿、植绿、护绿的肇庆方案。

一是推深做实林长制，以各级林长带动全民持续参与植树造林。目前，肇庆各级林长5493名，护林员3010名，监管员1644名，全方位管护超1581万亩林地。在林长制基础上，肇庆积极推动"林长+"模式，在"两长三员"基础上，推动"林长+林区警长""林长+科技特派员"等创新治理模式。同时，全市已相继出台市、县、镇级全面推行林长制工作方案和配套制度，为植树造林工作提供有力的制度保障。[①]同时，发挥各级林长领头雁作用，团结党政机关、群团组织、企事业单位积极参与植树造林"种养管"的全过程。

二是引入专家团队，为绿美肇庆建设"问诊把脉""对症下药"。引入中科院华南植物园专家为绿美肇庆提供技术外援。专家团队实地调研，"问诊把脉"，根据地理、土壤、植被情况，以村级为基本单位，一地一议。同时，严格把控造林作业，实现事前、事中、事后监管全覆盖。在实地考察中发现苗木存在种植、管理不规范等导致的成活率低等隐患，专家团队及时介入，提出多项针对性解决方案和措施。此外，精选树种，送苗下乡。优选红锥、木荷、火力楠、黑木相思等多种稳定性好、抗逆性强、生态和经济效益好的优良乡土树种、珍贵树种数十万株，派发各地林农，改善林相的同时带动林农致富。

三是线上线下联动，发起"互联网+义务植树"项目，以各类主题林建设汇聚全民力量。为了更大规模动员全民植绿护绿，2022年肇庆实现了"线上"和"线下"的联动，首个"互联网+义务植树"项目落地。2023年该项目持续以认养认种等方式继续开展，在短短五个月时间内，通过挂

---

① 《爱绿植绿，肇庆即将完成近13万亩林分优化提升》，肇庆市林业局网站2023年6月19日。

网募捐，共汇聚社会资金11万元，顺利完成本年度的募捐任务。此外，2023年春天，肇庆以建设亲子林、民企林、人才林、巾帼林、博爱林等33个主题林，汇聚八方力量投入爱绿、护绿、植绿的具体行动，掀起全民植绿的热潮。①

▼ 三 广东生态文明建设的历史经验

绿色，是广东经济社会发展最亮丽的底色。习近平总书记在考察广东时就明确指出，"要实现永续发展，必须抓好生态文明建设"②。生态文明建设不仅是一个人与自然和谐共生的时代命题，也是一个实现高质量发展、满足人民群众美好生活需要的实践课题。自新中国成立以来，特别是党的十八大以来，广东省委、省政府在坚持中国共产党领导的基础上，始终贯彻习近平生态文明思想，在生态文明建设方面取得了显著成效，成功打造了人与自然和谐共生的"广东样板"，在此过程中积累了丰富的实践经验，为进一步推进绿美广东生态建设乃至全国加快推进美丽中国建设提供了重要借鉴和启示。

（一）以满足人民群众需求和获得人民群众认同为根本

坚持人民立场、以人民为中心，体现在广东生态文明建设的各方面和全过程。广东生态文明建设之所以能够取得如此突出的成就，归根结底在于充分满足了人民群众对优质生态产品的需求。在生态文明建设中不断致力于获得人民群众的认可，这是广东生态文明建设的一条主线和重

---

① 《肇庆持续兴起全民植绿护绿爱绿新热潮》，《西江日报》2023年5月9日。
② 《习近平关于社会主义生态文明建设论述摘编》，中央文献出版社2017年版，第3页。

要经验。

人民立场是马克思主义的根本立场，也是习近平生态文明思想的逻辑主线。推进生态文明建设，改善生态环境质量，归根到底就是保障人民群众的生命健康水平、提升人民群众的美好生活质量。习近平总书记始终强调，"发展经济是为了民生，保护生态环境同样也是为了民生"[1]。广东在推进生态文明建设的探索实践中始终把满足人民群众的需求和获得人民群众的认同作为根本的出发点和落脚点。如在注重提升森林覆盖率的同时，始终关注满足人民群众对林业生态产品的需求，通过创建森林城市、森林城镇、森林乡村实现城乡居民生态资源均等化；同时不断改善人民群众生活的空气质量、水资源质量，在对林网、水网、路网的融合发展中将生态效益转化为民生福祉。广大人民群众在生态文明建设中的获得感、幸福感、安全感不断增强，进一步激发了他们参与生态文明建设的积极性和创造性。城乡一体绿美的珠三角模式、广东绿道建设等"广东样板"的成功无疑为其提供了重要佐证。

可以说，人民群众既是历史的创造者，也是广东生态文明建设的推进者。生态文明建设是否取得成效，决定权始终在人民群众手中，只有让人民群众切实感受到生态文明建设的益处，让人民群众成为生态文明建设的主体，人民群众才能形成对环境保护和生态文明建设的高度自觉。离开人民群众的参与，生态文明建设只能是无本之木、无源之水。因此，在生态文明建设中要广泛征求人民群众的意见，以人民群众是否满意为标准来衡量生态文明建设的成效，突显生态为民、生态利民、生态惠民的价值取向，提升人民群众享受天蓝、山青、水净的幸福感。

---

① 《习近平谈治国理政》第3卷，外文出版社2020年版，第362页。

（二）健全制度保障与提升生态文明理念齐头并进

习近平总书记在总结我国生态文明建设规律时格外关注"外部约束和内生动力的关系"，强调既要"有明确的边界、严格的制度"，也要"激发起全社会共同呵护生态环境的内生动力"，这样才能真正让"中华大地蓝天永驻、青山常在、绿水长流"。①广东生态文明建设正是在将健全生态文明制度保障这一外部约束和提升人民群众的生态文明理念这一内生动力二者紧密结合中，取得了显著成效。健全制度保障与提升生态文明理念齐头并进是广东生态文明建设的重要经验。

一方面，"推动绿色发展，建设生态文明，重在建章立制，用最严格的制度、最严密的法治保护生态环境"②。广东省委、省政府在推进生态文明建设的过程中，高度重视通过建立强有力的规章制度来确保生态文明工程的具体执行和落实，如在生态文明法律法规体系、生态环境监管和考核制度、生态保护补偿机制、环境责任追究制度等方面都作出了卓有成效的探索和实践，惠州样板、肇庆样板的打造都是基于严格的立法制度的保障。当前，为了进一步推动绿美广东生态建设的发展，广东省委、省政府又接续提出了完善与落实林长制、深化集体林权制度改革、创新造林绿化机制和强化资源保护监管机制的要求和措施。另一方面，广东省委、省政府积极引导人民群众深化环保、绿色的生态文明理念，通过各种社区活动、乡镇活动培育生态文明意识，把生态环境保护摆到政治和经济、发展和民生、资源和生态等宏观领域中去谋划推进，使得"绿水青山就是金山银山"的生态发展理念深入人心。

在绿色发展理念的引领下，广东省大力发展生态效益型经济，不断将

---

① 习近平：《推进生态文明建设需要处理好几个重大关系》，《求是》2023年第22期。
② 《习近平关于社会主义生态文明建设论述摘编》，中央文献出版社2017年版，第110页。

生态优势转化为经济优势，推动广东生态文明建设的经济效益、社会和文化效益高度和谐、内在统一。

总的来看，广东生态文明建设是一项系统工程，具有长期性和艰巨性、全局性和前瞻性，既需要把依法保护生态环境纳入生态文明建设之中，建立健全生态文明建设法律法规制度体系，来解决生态文明建设中的各种矛盾，实现高质量发展和高水平保护的统一；又需要通过各种活动、借助各种现代媒体传播手段加大对保护生态文明环境的宣传力度，提高人民群众自觉遵守各项法规制度，增强保护生态环境人人有责的自觉性，确保生态文明建设的成果巩固。两者本质上就是内在统一的有机整体，缺一不可。严格的规章制度确保人民群众的利益得到维护，如生态保护补偿制度、生态产品价值实现机制等，能真正让保护者和贡献者得到合理的回报，在人民群众切实感受到生态惠民的福祉时，自然能真正从内心深处尊重自然、顺应自然、保护自然。同时，在借助各种手段积极培育人民群众生态意识和生态思维方式、满足人民群众的生态文明需要时，人民群众的生态文明素养得到提升，自然也会更加自觉地遵守生态文明制度，践行绿色低碳的生活方式。健全制度保障与提升生态文明理念，引领广东生态文明建设行稳致远。

（三）因时因地探索生态文明建设创新性路径

因时因地探索生态文明建设创新性路径是广东生态文明建设的重要经验。广东生态文明建设的成功，离不开实事求是、因时制宜、因地制宜探索创新性路径。因时因地探索生态文明建设创新性路径，既符合发展的客观规律性，也充分发挥了自身的主观能动性，是广东生态文明建设实践的重要保证和科学方法论。

从客观实际来说，因时因地探索生态文明建设是必要的，广东生态文明建设正是在因时因地探索发展的新路径中取得了重大突破。作为全国34个省级行政区之一，广东地处我国大陆南部，无论是地形地貌、生物资源、水文气候等自然条件，还是人口资源、经济发展、科技发展等社会条件，都不同于我国其他省级行政区。同时，广东省内共有21个地级市，各地级市内部的自然条件和社会条件也差异巨大。广东在推进生态文明建设中，始终坚持根据不同地市实践的具体情况，与时俱进地探索与之相适合的发展路径。首先，从总体策略上看，广东省委、省政府从新中国成立以来先后实施了十年绿化广东、建设林业生态省、新一轮绿化广东大行动、绿美广东生态建设等一系列战略举措，不断根据特定阶段的具体情况和条件来制定和调整下一个阶段的发展目标和行动举措；其次，从区域差异上看，广东省委、省政府根据各个地域的具体形势和特点，分区分类进行明确规划，积极探索与各区域特征相匹配的发展路径，既充分发挥地域的优势之处，又注重弥补其不足之处。如粤北以山区为主，粤东、粤西以江河流域为主，广东因地制宜，充分发掘各地的优势条件，既注重提升各大山脉的森林覆盖率，又充分推进海岸线保护和水土保持建设，实现林网、水网、路网的融合发展，深圳样板、珠三角模式、惠州经验、肇庆方案等的成功，无一不是因时因地探索生态文明建设创新性路径的产物。另外，广东在实现先发地区绿色转型的同时，积极运用先发地区的优势加速后发地区的绿色崛起，根据经济发展条件、人口分布、国土面积等科学布局广东生态文明建设空间。

概言之，因时因地探索生态文明建设创新性路径，既要尊重客观规律，实事求是、因时制宜、因地制宜；又要充分发挥主观能动性，创新生态文明建设路径。推进生态文明建设的路径不是固定的、唯一的，而是多样的、与时俱进的，创新生态文明建设路径是具有可行性的。而形成创新性路径的关键，是要结合当地的发展实际，充分利用可借助的资源，在环境保护和经济发展之间取得平衡，实现经济生态化和生态经济化。必须明确，创新性路径绝不是随随便便、浮于表面、形式化的，而是要真正探索一条切实可行、行之有效的可持续发展之路。古树名木保护的惠州经验是在惠州拥有丰富的古树名木资源的基础上形成的，肇庆也是依托依山傍水的自然条件探索出"旅游+文化""旅游+体育""旅游+农业""旅游+林业""旅游+康养"等新业态发展的路径。

（四）多元主体协同推进生态文明建设

多元主体协同推进生态文明建设是广东生态文明建设的重要历史经验。广东生态文明建设作为一项复杂、全面的系统工程，涉及经济、政治、社会发展的诸多领域，不仅基于党和政府的顶层设计、总体谋划，还依靠社会组织、公众等主体的大力参与、积极作为和共同推进，正是多元主体共同作用形成的强大合力使得广东生态文明建设取得成功。

生态文明建设是一项长期的历史任务，"要一年接着一年干，一代接着一代干"[①]，必然离不开多元主体的协同作用。广东在推进生态文明建设中始终高度重视通过激发多元主体的协同作用来激发共创活力。一方面，广东历届省委、省政府明确发挥统筹规划和协调安排的作用，推进生态文明建设的顶层设计，积极实现广东生态环境"高颜值"和经济发展"高素质"的有机统一，既进行全区的统一规划，又注重重点突破、主次分明。另一方面，广东省委、省政府积极调动社会各界的支持和参与，逐步建立起了党委领导、政府主导、社会组织和人民群众共同参与的统一体系，推动各主体间进行有效互动，在取得彼此信任后依托各界人士共同推进生态文明建设。如全民爱绿、植绿、护绿的肇庆方案之所以取得成功，

---

① 《习近平关于社会主义生态文明建设论述摘编》，中央文献出版社2017年版，第121页。

就是因为其不仅仅发挥了市委、市政府的力量，而且在落实林长制的基础上，充分发挥专家团队的力量，积极动员全民参与植绿护绿行动，从而推动多元主体协同推进肇庆生态文明建设局面的形成。

因此，推进广东生态文明建设，不仅基于多元主体的共同参与，还需要多元主体之间的和谐参与。多元主体共同参与生态文明建设，其中涉及的主体众多，主体间的关系状况势必会影响生态文明建设的进度和效果。而省委、省政府则在其中担任着总体统筹和积极协调主体之间和谐关系的关键角色，其必须要注重充分调动主体参与的积极性，推动主体间的相互配合，共同形成正向合力。提升森林质量的深圳样板、城乡一体绿美的珠三角模式、绿美保护地的南粤工程、广东绿道建设、古树名木保护的惠州经验、全民爱绿植绿护绿的肇庆方案，都彰显了"政府为主导、企业为主体、社会组织和公众共同参与"①的重要作用。

---

① 《习近平谈治国理政》第3卷，外文出版社2020年版，第40页。

第三章

推进广东生态文明建设的
总体布局

CHAPTER3

推进"绿美广东"生态建设，既是对"绿水青山就是金山银山"理念的进一步贯彻，也是对其进行广东路径探索的实践新进路，更是推动我省高质量发展在生态方面的新布局。自党的二十大以来，广东以新发展理念为引领，全面推进生态文明建设，采取一系列有力措施，努力打造人与自然和谐共生的中国式现代化"广东样板"。新时代，广东的生态文明建设旨在通过优化空间布局，提升生态系统的质量和稳定性，建设一个山清水秀的美丽家园，致力于为人民提供更优质的生活环境，提供经济社会与生态环境协同发展的广东方案。

 一 推进广东生态文明建设的总体目标

党的十八大以来，在全国生态环境保护结构性、根源性、趋势性压力尚未根本缓解的背景下，广东生态文明建设稳中向好，取得了不错的成绩。这得益于广东在生态文明建设方面的强烈问题意识与科学布局。当下，世界面临百年未有之大变局，国内外环境发生深刻复杂变化，广东省生态文明建设整体呈现出绿色转型机遇期、低碳发展关键期、环境治理提质期、体制创新攻坚期、绿色合作深化期"五期叠加"的新特征。[①]据此，广东省委、省政府在《中共广东省委关于深入推进绿美广东生态建设的决定》（以下简称《决定》）中，明确新时期广东高质量发展在生态建设方面的总体目标："到2027年年底，全省完成林分优化提升1000万

---

① 《广东省人民政府关于印发广东省生态文明建设"十四五"规划的通知》，广东省人民政府门户网站2021年10月29日。

亩、森林抚育提升1000万亩，森林结构明显改善，森林质量持续提高，生物多样性得到有效保护，城乡绿美环境显著优化，绿色惠民利民成效更加突显，全域建成国家森林城市，率先建成国家公园、国家植物园'双园'之省，绿美广东生态建设取得积极进展。到2035年，全省完成林分优化提升1500万亩、森林抚育提升3000万亩，混交林比例达到60%以上，森林结构更加优化，森林单位面积蓄积量大幅度提高，森林生态系统多样性、稳定性、持续性显著增强，多树种、多层次、多色彩的森林植被成为南粤秀美山川的鲜明底色，天蓝、地绿、水清、景美的生态画卷成为广东亮丽名片，绿美生态成为普惠的民生福祉，建成人与自然和谐共生的绿美广东样板。"①《决定》在《广东省生态文明建设"十四五"规划》的基础上，对构建绿美广东生态建设新格局的总体目标进行具体部署，主要从优化绿美广东的空间布局、建设陆海统筹的秀美山川、打造城乡协同的美丽家园三方面着手，旨在夯实广东绿色根基，建设人与自然和谐共生的绿美广东样板，努力成为全球生态文明建设的参与者、贡献者和引领者。

（一）优化绿美广东的空间布局

土地是人类不可或缺的生存空间，是纷繁复杂的生态系统的载体及物种的栖息地，更是城乡发展中不可再生的必要资源。近年来随着经济快速发展所带来的资源约束趋紧、空间开发失序等问题，已经成为广东乃至全国经济社会可持续发展的现实困境。因此，国土空间布局优化便成为生态文明建设的题中之义。从地理条件看，广东陆海相连、河海相通、山水相望，生态资源丰富，生态保护和社会经济发展矛盾较为突出，因此，进一步优化生态空间布局便成为新时代广东生态文明建设的重要目标。而习近平

---

① 《中共广东省委关于深入推进绿美广东生态建设的决定》，广东省人民政府门户网站2023年2月28日。

总书记的两次重要讲话，则为新时代构建绿美广东生态建设的空间布局指明了前进方向：在十八届中央政治局第六次集体学习时明确提出要"科学布局生产空间、生活空间、生态空间，给自然留下更多修复空间"[①]；在中央城市工作会议上更强调"要把握好生产空间、生活空间、生态空间的内在联系，实现生产空间集约高效、生活空间宜居适度、生态空间山清水秀"[②]。

1．强化规划引领和空间管控

在推进生态建设的过程中，科学合理的规划至关重要，这不仅关乎生态的空间美学，也将为城市化发展留下"容错"与"诗意"空间。

一是编制实施国土空间规划，统筹规划生态目标、区域协调的空间方案，积极探索人与自然、生态与经济社会发展共生的可能体系。首先，通过生态空间的总体规划，可统筹规划生态保护、生态修复、生态惠民等在空间上的科学布局，为实现多层次生态空间的目标管理体系提供可能。其次，生态空间上的顶层设计对统筹陆海发展、城乡融合发展、城市发展、都市圈发展意义重大。一方面，它将从空间形态上奠定未来城市化发展的核心地带，也将为未来城乡发展留下容错空间；另一方面，科学的空间规划为生产、生活、生态空间的功能优化提供可能，进而为广东全域推进绿化美化增质提效。简言之，编制国土空间规划不仅是对未来发展的总体谋划，更是对人与自然和谐共生的深刻思考。

二是将经济社会发展规划、城乡规划、土地利用规划等各类规划进行整合，充分发挥"多规合一"的优势。首先，充分考虑各类发展规划的内部痛点，打通各类规划的内部共性，可以确保各类资源要素得到优化配置，提高国土空间的利用效率，促进各领域之间的协调与合作，使得各类

---

① 《习近平关于社会主义生态文明建设论述摘编》，中央文献出版社2017年版，第44页。
② 《习近平关于社会主义生态文明建设论述摘编》，中央文献出版社2017年版，第66页。

资源得到充分利用，避免不必要的浪费和重复建设。其次，科学考虑各类规划，统筹点线面的绿化美化，可强化主体功能管控，为形成"一核两极多支点、一链两屏多廊道"的网络对流型国土空间开发保护总体格局[①]创造空间。事实上，《广东省国土空间规划（2021—2035年）》以"世界窗口、活力广东、诗画岭南、宜居家园"为发展愿景，统筹规划生态、农业、城镇空间的融合发展，统筹海洋空间与陆地空间协同发展，统筹陆海河道系统修复；"一个市县一本规划、一张蓝图"等都是强化规划引领和空间管控在空间优化上的具体谋划，是生态空间美学与城市发展诗意空间的共谋。

2．全面打造自然保护地和城市绿地体系

自然保护地是保护自然生态系统和生物多样性的重要载体，加强自然保护地的建设和管理，可有效保护野生动植物的栖息地和生态环境，维护生态系统的平衡。同时，自然保护地也是教育和科研的重要基地，通过科学研究和宣传教育，我们可以更好地了解自然生态系统的运作和生物多样性保护的重要性。

新中国成立以来，尤其是党的十八大以来，广东逐渐成为"林业大省"，至2021年，森林覆盖率达到了58.74%[②]，生态"含绿量"不断带来经济发展"含金量"，经济效益、社会效益、文化价值日益彰显。但同时不可忽视的是，广东森林资源仍存在森林蓄积量偏低、结构质量不优、生态功能不丰富等短板，城市生态空间缺乏有效统筹，城镇绿地比例总体偏低，部分城市绿地比例小于10%的最低要求，2020年城市人均公园绿地面

---

① 《广东省人民政府关于印发广东省生态文明建设"十四五"规划的通知》，广东省人民政府网2021年10月29日。

② 数据来源：《广东年鉴（2022）》，广东统计信息网。

积仅18.11平方米。[①]自然湿地呈现退化趋势，沿海防护林遭受破坏，约五分之一的海岸线出现不同程度的侵蚀，矿山开采造成地质灾害隐患、土地资源占用与破坏等问题。[②]局部水土流失形势严峻，国家级、省级重点治理区面积分别为2842.21平方公里、2051.81平方公里。[③]针对当前的难题和困境，《决定》提出了全面打造自然保护地和城市绿地体系，推进森林公园、湿地公园、山地公园等建设的布局安排。广东现有自然保护地1115个[④]，各类生态建设示范点193个，形成森林自然公园、自然保护区、湿地自然公园、地质自然公园、海洋自然公园、沙漠自然公园和风景名胜区等多种类型的生态空间，同时以南岭国家公园、丹霞山国家公园等项目建设不断"推进以国家公园为主体的自然保护地体系建设"[⑤]。

广东全面推进自然保护地和城市绿地体系建设，着力构建点线面结合的"自然保护地群"生态网络，依托"大数据+生态""科研+生态""旅游+生态"等模式，打造集教育、科研、旅游于一体的生态基地。这有助于更好地保护自然生态系统和生物多样性，提高城市的生态环境质量和居民的生活质量，同时也为生物科学等研究提供天然的物种基因库和实践基地。

3. 全面打造生态廊道

生态廊道是连接各个生态空间的纽带，可以为生物提供迁徙通道和栖息地，维护生态系统的完整性和稳定性。通过建设绿道、碧道、古驿道等

---

① 《广东省人民政府关于印发广东省生态文明建设"十四五"规划的通知》，广东省人民政府门户网站2021年10月29日。

② 《广东省自然资源厅关于印发〈广东省国土空间生态修复规划（2021—2035年）〉的通知》，广东省自然资源厅网站2023年5月15日。

③ 《广东省水土保持规划（2016—2030年）》，广东省人民政府门户网站2017年1月18日。

④ 何凯琪：《广东自然保护地空间分布特征与保护地群构建研究》，2022年广州大学硕士论文。

⑤ 《习近平著作选读》第1卷，人民出版社2023年版，第42页。

生态廊道，可以有效地将点状、带状的生态空间连接起来，形成完整的生态网络。

绿道、碧道、古驿道等生态廊道是"绿水青山"与"金山银山"之间的良好桥梁，是自然美景与历史文化深度融合的广东缩影。绿道、碧道的建设不仅优化了城市空间，也是快速城镇化进程中对环境问题、灾害问题、河湖生态问题进行综合治理的有效手段，更是建设宜居环境的重要一环。一是生态廊道连接形成的生态网络有助于统筹山水林田湖草等生态要素，形成全循环的系统治理体系；二是生态廊道的建设在地理空间上密切城乡联系，助推生态旅游、农业的发展，为新型城镇化和乡村振兴提供新的营销热点；三是生态廊道集生态、安全、景观、休闲、文化功能于一体，每一条古驿道都是不可复制的文化基因绿廊。古驿道、古建筑、古桥梁、古碑、古树、古人印记以及多彩的民俗文化，是广东千年文明史的活化石和岭南文化的杰出代表，有待进一步激活。如今，站在新的历史起点，《决定》将全面推进优化绿道、碧道、古驿道等建设，打造生态廊道，全面而深刻地展现对地域文化和自然景观的高度重视。

总的来看，优化广东生态文明建设的空间布局，旨在构建一个全域美丽、文化丰富、自然和谐、高质量发展的国土空间，不仅致力于保护和传承广东丰富的文化遗产，还努力为广东经济的可持续发展提供生态引擎，构建人与自然和谐共生的休闲系统，塑造独具特色的岭南空间。

（二）建设陆海统筹的秀美山川

广东北倚南岭、南濒南海、坐拥五江，地貌类型多样，光、热和水资源丰富，拥有陆海一体的山川资源，特殊的地理位置和优越的自然资源条件使其在国家生态安全战略格局中占据重要位置。自党的十八大以来，广东系统推进山水林田湖草沙治理，在空气质量改善、森林蓄积量提升、生态海岸线增长、水源质量提升等方面取得了不错的成绩，但也存在着森林结构稳定性不强、海岸线保护与利用的协调性不足、局部水土流失形势严峻等新挑战。立足新的历史方位和形势，广东省委、省政府提出了建设陆海统筹的秀美山川的目标。这一生态工程，旨在优化提升南岭、莲花山、云开山等主要山脉的森林景观和生态质量，同时强化东江、西江、北江、韩江、鉴江等主要江河流域以及重要水源地和大中型水库集雨区的水源涵养林、水土保持林建设。这一举措不仅有利于科学处理人、地、山、河、海之间复杂的交互关系，全力构筑"三屏五江多廊道"的生态安全格局，还有助于加强重点区域生态治理，切实增强生态系统多样性、稳定性、持续性，以提升人民的生活质量和社会经济的发展水平。

1. 优化提升主要山脉的森林景观和生态质量

广东主要山脉的生物多样性资源丰富，区域内保存有大面积原生常绿阔叶林，适宜各类动植物生长发育和繁衍生息，是特有、珍稀、濒危物种高度聚集区，也是粤港澳大湾区外围丘陵浅山的生态屏障。以作为北回归线地区绿洲的南岭山脉为代表，记录分布有野生动植物共5470种，是中国14个具有国际意义的陆地生物多样性关键地区之一，对维持物种种群稳定、推进可持续发展起到了巨大作用。绿美广东生态建设以山脉为骨架，保护修复陆地生态系统，对山区薄弱、关键地域与珍稀濒危动植物及其栖息地进行重点保护。一是通过封育管护、补植套种、桉树林改造等措施提升南岭、莲花山、云开山等主要山脉的森林质量。二是通过建立生态监测站和评估体系，实时掌握几大山脉的生态状况，为采取相应的保护措施提供科学依据。三是发展生态产业，合理开发南岭、莲花山、云开山的自然景观和人文资源，发展生态旅游产业，实现生态、经济的协同发展。这些措施旨在增强主要山脉森林生态系统固碳释氧、水源涵养、生物多样性保护、水土保持等重要生态功能，构建南岭生态屏障和粤港澳大湾区外围丘陵浅山生态屏障。[①]

2. 强化主要江河流域及水源地的生态保护

东江、西江、北江、韩江和鉴江是广东省的主要江河流域和水源地，对广东省的生态环境和经济发展具有重要影响。当前，全省水土流失面积1.76万平方公里[②]，局部水土流失形势严峻，红树林、河口水域、永久性河流、洪泛平原湿地等重要湿地资源出现萎缩和功能受损。广东省委、省政府旨在以水系为脉络，保护修复湿地生态系统，统筹推进以东江、西江、北江、韩江、鉴江等骨干河流水系为主体的生态廊道网络体系。以重点流域干流、支流水系为经脉，在重要水源地、生态保护区、水源涵养区、重要湿地区等重点领域进行生态保护与修复，进一步提升水环境质量，保障水资源安全，构建全域复合型绿色生态水网。

3. 打造陆海一体、绿色活力的海洋空间

海洋是重要的资源，也是未来发展的重要空间。近年来，沿海防护林遭受破坏，约五分之一的海岸线出现不同程度的侵蚀。《决定》要求推进海岸带保护和沿海防护林体系建设，打造山海相连、蓝绿交织的生态景观，拓展亲山傍海、和谐共生的自然格局，建设通山达海、色彩多样的魅力绿美空间。一是在陆域海域空间分类管控的基础上推进陆海统筹、河海联动；二是将美丽海湾建设与红树林示范区建设相结合，构建以沿海防护林、海滨湿地等要素为主体的南部海洋生态保护链；三是加强重要河口、海湾、海岛以及红树林、珊瑚礁、海草床等典型海洋生态系统保护修复；四是要充分发挥广东的海洋资源优势，以保护为主，适度开发，在完善海

---

① 《广东省自然资源厅关于印发〈广东省国土空间生态修复规划（2021—2035年）〉的通知》，广东省自然资源厅网站2023年5月15日。

② 《屈家树：以全域土地综合整治推进高质量发展的广东实践与思考》，广东省自然资源厅网站2023年11月15日。

洋法律法规制度体系、保证海洋生态环境保护的基础上推进海洋产业绿色发展，从而带动沿海经济带协调发展，真正打造成为陆海一体、绿色活力的海洋空间。

（三）打造城乡协同的美丽家园

城乡协同发展，不仅要实现产业兴、百姓富，更要守护自然之绿、生态之美，以自然之绿、生态之美实现城乡融合发展。早在100多年前，恩格斯就警示人类，"我们不要过分陶醉于我们人类对自然界的胜利。对于每一次这样的胜利，自然界都对我们进行报复"[1]，"没有自然界，没有感性的外部世界，工人什么也不能创造"[2]。从本源上看，生产力就是具有劳动能力的人和生产资料相结合而形成的改造自然的能力，故而保护自然界、维系生态平衡就是保护生产力、发展生产力。《决定》坚持以生态优先推动城乡生态融合，进一步实现生产、生活、生态空间的相融和共生。在构建绿美广东生态建设新格局下，打造起城乡协同的美丽家园。

一方面，以森林城市创建和森林城镇、森林乡村建设为载体，因地制宜推进林网、水网、路网"三网"融合，协同构建"林和城相依、林和人相融"的高品质城乡绿美生态环境。党的十八大以来，城乡人居环境改善明显，截至2020年底全省完成"三清三拆三整治"自然村15.3万余个，完成率达99.5%以上，全省城市建成区绿地率达39.14%。[3]但同时，城镇绿地比例总体偏低，部分城市绿地比例小于10%的最低要求[4]，空间分布均

---

① 《马克思恩格斯文集》第9卷，人民出版社2009年版，第559—560页。

② 《马克思恩格斯文集》第1卷，人民出版社2009年版，第158页。

③ 《广东省人民政府关于印发广东省生态文明建设"十四五"规划的通知》，广东省人民政府门户网站2021年10月29日。

④ 《广东省自然资源厅关于印发〈广东省国土空间生态修复规划（2021—2035年）〉的通知》，广东省自然资源厅网站2023年5月15日。

衡性较低，部分水系被人为破坏，农村生活垃圾、污水治理能力偏低，无法满足人民日益增长的美好生态环境需求。广东省委、省政府尊重自然规律与城乡发展规律，以"绿色"为基底，串联城乡内部和周边的山地、绿地、水系等，融合城市公园体系、森林体系、湿地体系，打造森林环绕、蓝绿交织的城乡生态空间格局，促进生态资源保护与城乡功能有机融合，高品质提升珠三角森林城市群建设。以全面创建国家森林城市为目标，推动城乡一体绿美提升，实现全民共享森林城市、森林城镇、森林乡村建设的生态福利，满足人民日益增长的美好生态环境需要。同时，在已有基础上，因地制宜推进林网、水网、路网"三网"融合，牢固树立底线思维，把握安全、生态、景观三个修复层次，严格保护耕地和永久基本农田，确保良田粮用，优化南粤精细农业布局，保障区域粮食和重要农产品安全供给，建成一批特色鲜明、辐射带动能力强的乡村振兴示范带，为建设宜居宜业和美乡村提供"广东样板"。①

另一方面，坚持以本土物种为主，宜树则树、宜果则果、宜花则花、宜草则草，按照"一条绿化景观路、一处乡村休闲绿地、一个庭院绿化示范点、一片生态景观林"标准，打造"推窗见绿、出门见景、记得住乡愁"的美丽家园。《决定》始终强调坚持因地制宜的方针，保护修复乡村自然山水田林，提升整体生态功能，科学合理优化城乡生产、生活、生态空间，激发与提升城乡生态景观价值，以保留乡村风貌、留住田园乡愁，形成地域鲜明、具有浓厚乡土风情的旅游景观形象。随着绿美广东生态建设的推进，"推窗见绿、出门见景、记得住乡愁"的美丽家园正在广东越来越多的地方成为现实。广东全省的绿化覆盖面积、绿地总量均居全国第一，城市公园数量全国最多、绿量最足、共享程度高。截至2022年底，广

---

① 《广东省自然资源厅关于印发〈广东省国土空间生态修复规划（2021—2035年）〉的通知》，广东省自然资源厅网站2023年5月15日。

东建成"口袋公园"2220个，占全国总量的40%左右，其中广州、深圳、佛山、东莞分别达到293、732、306、354个，"口袋公园"建设走在全国前列。[①]

 二 推进广东生态文明建设的基本原则

基于广东省的生态建设基底，广东省委、省政府深刻贯彻党的二十大精神，以习近平新时代中国特色社会主义思想的世界观和方法论为指导，提出了"生态优先、绿色发展""人民至上、增进福祉""求真务实、科学绿化""系统谋划、分类推进""群策群力、久久为功"这五大进一步推进广东生态文明建设的基本原则。"生态优先、绿色发展"是核心理念，"人民至上、增进福祉"是根本目的，"求真务实、科学绿化""系统谋划、分类推进"是科学方法，"群策群力、久久为功"是重要依托。五大基本原则之间各有侧重，又相互联系、不可或缺，致力实现人、自然、社会的协同发展。

（一）生态优先、绿色发展

人与自然和谐共生是中国式现代化的本质要求之一。党的二十大报告明确指出："大自然是人类赖以生存发展的基本条件。尊重自然、顺应自然、保护自然，是全面建设社会主义现代化国家的内在要求。必须牢固树立和践行绿水青山就是金山银山的理念，站在人与自然和谐共生的高度谋

---

① 《推窗见绿、出门见景！广东口袋公园有多美 | 绿美广东调研行》，《南方》2023年8月17日。

划发展。"①一方面，人类的生存与发展依赖于自然环境这一物质载体，"自然界，就它自身不是人的身体而言，是人的无机的身体。人靠自然界生活"②。自然界是人类社会产生、存在和发展的基础和前提，破坏自然界就等于损害人类自身。习近平总书记在讲话中就曾多次强调，"绿水青山就是金山银山"③"保护生态环境就是保护生产力"④。另一方面，自然界具有内在价值，人类可以在充分把握自然规律的基础上，不断通过社会实践发挥自觉能动性，合理地、有计划地利用自然、改造自然，将自在自然转化为人化自然，使其为之所用，发挥出更大的价值，并且使人的能力在有序改造自然中得以发展。但需要明确的是，建设生态文明不是为了放弃工业文明，回到更为原始的生产、生活方式，而是力图以资源环境承载能力为基础，遵循客观规律，以人与自然和谐发展为目标，建设生产发展、生活富裕、生态良好的文明社会，满足人民日益增长的美好生活需要。

广东的生态文明建设要始终坚持生态优先、绿色发展的原则。一是要强化生态保护红线管理，严格遵守国家和地方的生态保护法律法规，明确保护范围和保护要求，严格限制开发利用活动，确保生态环境的稳定和健康；坚持底线思维，守住自然生态安全边界，以节约优先、保护优先、自然恢复为主，推动绿碳、蓝碳发展。二是要强化生态保护和修复，提升自然生态系统的稳定性和多样性。三是要推进绿色低碳发展，提高森林、海洋等生态系统的碳汇能力，将生态优势转化为绿色发展优势。四是要加强对绿色发展理念的宣传教育，使尊重自然、顺应自然、保护自然成为新的

---

① 《习近平著作选读》第1卷，人民出版社2023年版，第41页。

② 《马克思恩格斯文集》第1卷，人民出版社2009年版，第161页。

③ 《习近平谈治国理政》第3卷，外文出版社2020年版，第361页。

④ 《习近平关于社会主义生态文明建设论述摘编》，中央文献出版社2017年版，第4页。

生活风尚。换言之，以推动高质量发展为主题，着力推动形成绿色发展方式和生活方式，构建人与自然生命共同体，在打造人与自然和谐共生的现代化"广东样板"上取得新突破。

（二）人民至上、增进福祉

坚持人民至上是中国共产党百年奋斗的历史经验之一，"党的根基在人民、血脉在人民、力量在人民"[1]，人民是党执政兴国的最大底气。人民既是历史的创造者、"剧作者"，又是历史的见证者、"剧中人"。一方面，生态文明建设的目的在于为人民谋福利。马克思、恩格斯一百多年前就在《共产党宣言》中言明，"无产阶级的运动是绝大多数人的，为绝大多数人谋利益的独立的运动"[2]，实现人的自由全面发展是无产阶级政党的历史使命。另一方面，生态文明建设的动力也在于人民。习近平总书记强调："人民群众有着无尽的智慧和力量，只有始终相信人民，紧紧依靠人民，充分调动广大人民的积极性、主动性、创造性，才能凝聚起众志成城的磅礴之力。"[3]

进入新时代，我国社会的主要矛盾已经转化为"人民日益增长的美好生活需要和不平衡不充分的发展之间的矛盾"[4]，其中就包括人民日益增长的美好生态环境需要。正如习近平总书记所指出的，我们的人民热爱生活，期盼有"更舒适的居住条件、更优美的环境"[5]，要实现人民物质生活富裕、精神生活饱满、生态环境绿色等协调一致的生活。人民至上、增

---

① 《习近平著作选读》第1卷，人民出版社2023年版，第123页。

② 《马克思恩格斯文集》第2卷，人民出版社2009年版，第42页。

③ 《习近平新时代中国特色社会主义思想的世界观和方法论专题摘编》，中央文献出版社、党建读物出版社2023年版，第65页。

④ 《习近平著作选读》第2卷，人民出版社2023年版，第285页。

⑤ 《人民对美好生活的向往　就是我们的奋斗目标》，《人民日报》2012年11月16日。

进福祉作为绿美广东生态建设的基本原则是应有之义。所谓"人民至上、增进福祉",就是要树立以人民为中心的发展思想,加强生态环境保护,重点治理突出环境问题,增强高质量林业生态产品的有效供给,推动生态产品价值实现,努力让绿美生态服务均等化、普惠化,让生态修复的成果惠及全体人民,增进民生福祉,提高人民生活品质,实现生态惠民,不断满足人民群众日益增长的优美生态环境需求。同时,利用各种机制体制以及文化活动增强人民的生态文明理念,形成全民爱绿、植绿、护绿、兴绿的生活风尚。

（三）求真务实、科学绿化

求真务实、科学绿化是贯彻落实习近平生态文明思想的生动实践,是绿美广东生态建设适应新形势新阶段新要求的主动选择,是提高生态系统质量和稳定性的重要举措。党的十八大以来,广东深入实施大规模绿化行动,森林面积和森林蓄积量稳定增长,但绿化不平衡不充分的问题仍然存在,"年年种树不见树""绿色不够多、不够好"等问题依然存在。计划到2027年底,全省完成林分优化提升1000万亩、森林抚育提升1000万亩;到2035年,全省完成林分优化提升1500万亩、森林抚育提升3000万亩,混交林比例达到60%以上。[①]这是广东为应对气候变化做出的庄严承诺,也是实现碳达峰、碳中和的重要举措,更是科学绿化的重要规划。习近平总书记十分关注、多次强调科学绿化,"绿化只搞'奇花异草'不可持续,盲目引进也不一定适应,要探索一条符合自然规律、符合国情地情的绿化之路"[②]。

---

① 《中共广东省委关于深入推进绿美广东生态建设的决定》,广东省人民政府门户网站2023年2月28日。

② 《习近平关于社会主义生态文明建设论述摘编》,中央文献出版社2017年版,第51页。

所谓"求真务实、科学绿化",就是要以求真务实的精神、规律和方法实现科学绿化。求真务实,是马克思主义科学世界观和方法论的本质要求,是党的各项事业不断取得新胜利的根本保证,体现着认识世界与改造世界的统一。"求真"一定程度上对应着"科学",即依据解放思想、实事求是、与时俱进的思想路线,去不断地认识事物的本质、把握事物的规律;"务实"对应着"绿化",即在遵循自然规律的基础上,逐步改善森林结构,不断提高森林系统质量、稳定性和碳汇能力。二者将知与行、理论与实践有机统一。一是要坚持问题导向,因地制宜、适地造绿,针对各个地域制定和实施各有侧重的绿化策略。二是要数量质量并重、质量优先,科学选择绿化树种,审慎使用外来树种,坚决防止乱砍滥伐,着力提高生态系统自我修复能力和稳定性。三是要分步实施、量力而行,久久为功。在具体层面,要坚决反对"天然大树进城""一夜成景"或只搞"奇花异草"等急功近利的一次性工程。四是要尊重基层首创,充分发挥基层和群众在科学绿化实践中的创造力、创新力,以求真务实的方式方法推动科学绿化,通过试点示范、经验总结,形成科学绿化的广东方案。

(四)系统谋划、分类推进

广东生态文明建设是一项庞杂的系统工程,是集经济、政治、文化、生态、社会领域于一体的系统工作。党的十八大以来,习近平总书记始终坚持把生态文明建设作为统筹推进"五位一体"总体布局和协调推进"四个全面"战略布局的重要内容,"把生态文明理念深刻融入经济建设、政治建设、文化建设、社会建设各方面和全过程"[1]。坚持系统观念,体现了广东生态文明建设对习近平新时代中国特色社会主义思想的世界观和方

---

[1] 习近平:《全面贯彻落实党的十八大精神要突出抓好六个方面工作》,《求是》2013年第1期。

法论的深刻把握和科学运用，为前瞻性思考、全局性谋划、整体性推进生态建设事业提供了科学思想方法。在坚持系统观念的基础上，面对绿美广东生态建设新形势、新任务，必须要牢牢把握系统谋划、分类推进这一基本原则，让绿色成为广东的鲜明底色、重要特征。

所谓"系统谋划、分类推进"，就是坚持生态整体系统观。总的来说，就是要用普遍联系的、全面系统的、发展变化的辩证思维把握事物发展规律，坚定保持生态环境保护的战略定力，锚定绿美广东生态建设总体目标和高质量发展首要任务。在具体谋划方面，统筹好长远与短期、整体与部分、治标与治本、重点突破与协同治理的关系，达到在整体提高基础上的全局优化、结构优化和个体共同发展的理想状态。一是要坚持"山水林田湖草沙"生命共同体理念，综合考虑自然地理单元的完整性、生态系统的连通性，以及自然生态要素与农田、城市等人工生态系统的关联性。二是要整体施策、多措并举、系统修复、综合治理，统筹规划、建设、管理等环节，严守耕地红线，高标准、全方位谋划推进广东生态文明建设。三是要逐个突破，协同推进山上山下、地上地下、岸上岸下、上游下游以及陆地海洋、山水林田湖草沙一体化保护和系统治理。四是要明确分工、责任到位、各方协同推进，不断增强生态工作的系统性和预见性，扎实推进生态文明建设各项任务的落实。努力做到习近平总书记强调的，"正确处理好顶层设计与实践探索、战略与策略、守正与创新、效率与公平、活力与秩序、自立自强与对外开放等一系列重大关系"①。

（五）群策群力、久久为功

群策群力、久久为功是中华民族的优良传统，是中国共产党谋篇布局

---

① 《推进中国式现代化需要处理好若干重大关系》，《人民日报》2023年2月13日。

的鲜明底色。广东生态文明建设自新中国成立以来所取得的巨大成就，关键方面就在于发挥群体作用，持之以恒推进生态文明建设。全省森林覆盖率从新中国成立之初的19.4%提升到2021年的58.74%[①]，成绩的背后凝结着广大人民的雄厚力量，展现着七十多年来的锲而不舍的努力奋斗。曾经，河北省塞罕坝林场的建设者们，听从党的召唤，用青春与奋斗创造了荒原变林海的"人间奇迹"，以实际行动诠释了"绿水青山就是金山银山"的理念，铸就了"牢记使命、艰苦创业、绿色发展"的塞罕坝精神。这一精神是塞罕坝荒漠变绿洲的核心密码，也是我们在新征程推进广东生态文明建设的重要方向。

生态文明建设需要群策群力，贵在久久为功。一方面，生态文明建设需要弘扬塞罕坝精神，坚持群众路线，问计于民，凝聚人民智慧，坚持共建共治共享，形成人人参与、行行出力，部门协同、社会共建的良好氛围。另一方面，锚定目标，久久为功。持之以恒，以实打实成效持续提升群众获得感、幸福感，创新社会参与绿美广东生态建设制度机制，加快生态环境治理体系和治理能力现代化建设，推动形成人人爱绿、积极植绿、自觉护绿的生动局面，持续提升广东生态文明建设水平，满足人民对绿色生活的诗意向往。

▲ 三 推进广东生态文明建设的现实挑战

党的十八大以来，广东生态文明建设在省委、省政府的高度重视下，压实生态文明建设的责任，投入充足资金，针对现实问题作出科学部署，

---

① 数据来源：《广东年鉴（2022）》，广东统计信息网。

取得了显著成效。但广东作为人口和经济大省，在领先发展的同时，进一步推进绿美广东建设仍面临着资源环境紧缩、生态环境新旧问题交织等现实难题和挑战。

（一）资金渠道比较单一并受地方财政影响较大

尽管生态文明建设资金的投入量持续增加，但资金来源渠道比较单一，仍以政府财政给付为主导。广东省财政厅的数据显示，2018年以来，广东省投入超300亿元支持重大生态项目实施。[①]这些项目包括但不限于粤北南岭山区山水林田湖草生态保护修复、水生态统筹治理、红树林保护修复、近岸海域污染防治、海岸线整治修复等，这些生态项目都属于省财政专项资金的扶持范围。例如安排20亿元保护和修复粤北生态并给予政策倾斜，落实超160亿元支持重点流域综合整治（练江流域、练江枫江二期整治、小东江流域整治及三江连通工程等），统筹省级涉农资金16.37亿元支持高质量推进万里碧道建设等。[②]

自党的十八大以来，广东上下联动、重资、高位推进生态文明建设，并取得了良好的阶段性成果。截至2023年，广东已成功创建8个国家生态文明建设示范市、20个国家生态文明建设示范县、7个"绿水青山就是金山银山"实践创新基地，在探索美丽广东的实践路径上迈出坚实的步伐。[③]但是从资金来源看，大额的资金补助和扶持主要来自省级财政，部分资金来自有条件的地方政府财政支持。这种资金来源方式在一定程度上限制了生态文明建设的规模和速度。省级财政统筹和地方财政加持虽然保

① 《广东投入超300亿元！持续支持重大生态工程项目实施！》，广东省财政厅网站，2023年8月15日。
② 《广东投入超300亿元！持续支持重大生态工程项目实施！》，广东省财政厅网站，2023年8月15日。
③ 《让绿色成为高质量发展鲜明底色》，《南方日报》2023年4月11日。

障了生态文明建设的资金投入，但因为预算有限，很难满足各地市生态文明建设的全部需求。此外，主要依赖政府财政资金，生态文明建设的进程也将受到各地政府预算和政策的影响，在换届衔接时更容易受到影响。正是在这个意义上，单一的资金渠道在某些程度上会限制生态文明建设的规模和速度。因此，尽管省级财政和有条件的地方政府财政可以为生态文明建设提供重要的资金支持，但我们也应该积极探索其他的资金来源渠道，以确保生态文明建设的可持续发展。

更重要的是，生态文明建设主要依赖财政资金的支持，势必会因为区域差异而存在资金投入差异的问题，最终导致生态文明建设的区域发展不平衡的问题。广东作为经济大省，但省内经济存在较大的区域发展不平衡问题，其中珠三角地区的经济发展明显优于粤东西北地区。珠三角地区在省级财政和充足的地方财政支持下，首先提出建设国家森林城市群，为建设世界级森林城市奠定坚实的生态基础。相较于珠三角地区比较超前的森林城市建设理念和充足的资金保障，粤东西北地区的地方财政相对薄弱，生态建设资金主要依靠省级财政拨付。因此，粤东西北地区的生态文明建设的强度和力度受制于省级财政转移支付的多寡。换言之，地区发展的经济差异在一定程度上会转化成生态文明建设理念的差异和资金投入的差异，区域经济发展的不平衡在一定程度上会转化为生态文明建设发展的不平衡。

综上，资金投入过分依赖省级财政和地方财政配套，在一定程度上会影响生态文明建设六大行动的广度和深度，使得地市间区域经济发展不平衡进一步向生态文明发展不平衡扩散。

（二）环保技术和人才队伍建设有待强化

绿美广东生态建设是面向多学科、多部门协同的综合性课题，在目前的实践中，我们面临着一些技术和人才队伍建设方面的问题，这些问题在一定程度上制约了生态文明建设的高度和创新程度。

首先，在监测设备和技术方面有待完善。我国在环境监测方面起步比较晚，在设备和评估技术方面落后于发达国家。广东的生态文明建设在技术方面也受到环境监测与评估的影响，现有的设备和水平难以大范围提供现阶段环境保护所需要的精确和实时的数据支撑。监测的数据难以全面反映环境质量，从而难以为环境决策提供技术支持。应急监测的技术发展不足，对突发性环境事故难以定量分析，监测技术的配套硬件相对落后也影响监测的效果。

其次，在污染治理技术、生态修复技术方面存在效率不高、运行成本较高、后期维护不易等问题。水、土壤、大气、固废等污染治理从未间断，但污染防治技术的成本居高不下，动辄几百万，甚至以亿为单位。[①]而在生态修复技术方面，尚缺乏一些高效、实用的技术手段，影响生态修复的进度。此外，污染防治和生态修复作为生态综合治理难题，一般以区域综合治理项目进行打包治理，引入政府部门提供的专家技术团队支撑或向高校、企业等对口技术团队购买技术服务。因此，在成本和后期维护等方面存在不少实际难题。

最后，技术方面的短板在人才队伍方面体现为人才结构有待完善、专业背景比较单一、培养和激励机制有待加强等问题。人才结构不合理体现为人才队伍中缺乏高端技术型人才和复合型人才。生态问题往往是综合性难题，以古树名木防护和修复为例，不仅仅涉及工程的问题，还涉及林木管理的专业知识，需要的是能处理复杂问题的复合型的专业人才。目前尽管我们有充足的环保和林业工作人员，但碍于目前的学科培养体系，他

---

① 《广东省科学技术厅 广东省环境保护厅关于征集环境污染防治技术需求的通知》，广东省科学技术厅网站2018年7月19日。

们的专业背景比较单一，难以满足解决复杂环境问题的需求。再者，培训晋升机制不完善，难以提高业务水平和稳定人才队伍。广东在森林中有林长制、在河流中有河长制，这些机制保障了人才队伍的编制。但目前相应缺乏系统的培训计划和长期的培养机制，不能针对性地提高员工的业务水平，不利于复合型人才的形成和发展。另外，因为工作环境和待遇等原因，环保方面的优秀人才流失严重，不利于人才队伍的稳定性，难以形成稳定专业的工作团队，进而影响工作的持续推进。

（三）生产、生活、生态用地存在空间冲突

正如习近平总书记指出的："我们要认识到，在有限的空间内，建设空间大了，绿色空间就少了，自然系统自我循环和净化能力就会下降，区域生态环境和城市人居环境就会变差。"①广东作为经济和人口大省，在改革开放过程中，工业化和城镇化迅猛发展，城乡建设用地持续扩张，各地市生态空间和人居环境受到不同程度的挤压和影响。

1985年广东省成立了首个省级土地管理机构——广东省国土厅，出台了土地管理法。②1992年邓小平南方谈话后，广东进入改革开放快速发展期，全面开启强化空间规划的时期。1992—2012年的二十年间，广东开展三轮土地利用总体规划的编制与实施，实施最严格的耕地保护政策并积极探索集约利用土地的试点工作，制定城乡空间建设规划。③2005年起，广东以林业建设、绿道建设、湿地建设为重点着力拓展生态空间。尽管如此，城市化进程的快速推进使大城市中土地资源紧张的情况日益突出，这导致了生态用地空间受到不同程度的挤压，生态用地、生活用地和生产用

---

① 《习近平关于社会主义生态文明建设论述摘编》，中央文献出版社2017年版，第48页。
② 赵细康：《广东生态文明建设40年》，中山大学出版社2018年版，第28页。
③ 赵细康：《广东生态文明建设40年》，中山大学出版社2018年版，第28页。

地矛盾依旧比较突出。

以广东城镇化率100%的深圳为例，深圳土地开发的阈值为1160平方公里，但在2020年，深圳城市土地开发面积已达967平方公里，距极限值不到200平方公里。[①]土地紧张状况成为制约深圳发展的瓶颈，也使深圳在生态文明建设上需要寸土必争，除了"金角银边"还提倡全民参与"立体绿化"。深圳在绿美建设方面投入了充足的资金，在各种绿美建设的评比中也名列前茅，但土地的紧张会进一步制约深圳生态建设的可持续发展，制约深圳森林覆盖率的维持和提高。

事实上，生产空间和生活空间的扩展在城市化进程中是必然的趋势，生态空间因此会受到不同程度的挤压，在土地利用方面冲突会频现，但这并不意味着生产空间、生活空间和生态空间是完全割裂的状态。如何尽早在城市发展的进程中合理地安排好三大空间的布局和比例，控制好生态发展的红线，发展生态产业，使其在城镇化较高的状态时可以维持三大空间的和谐，增进人民群众的绿色福利，这应该成为每个城市可持续发展规划的重要议题。

（四）环保意识有待加强

环境保护和生态建设不仅是政府和企业的责任，也与每个人的生活息息相关，人民群众不仅是生态建设的受惠者，也是生态文明建设的主力军，每位群众都是环保的责任人，但当前人民群众在环保方面仍存在的"不当行为"表明人民群众的环保意识仍有待加强。

首先，人民群众的环保意识不高，对一些环境不友好型的一次性产品还有依赖，垃圾分类的落实力度也受到影响。一次性产品如一次性塑料

---

① 王佳文：《深圳城市土地开发阈值和空间韧性研究》，2022年中国环境科学研究院硕士论文。

袋、一次性餐盒等，因其便利性获得群众的青睐。以一次性塑料袋为例，2008年启动限塑令①，2023年出台最严限塑令②，时隔十五年，商场塑料袋的使用得到改善，但塑料袋依旧是生活垃圾的重要构成部分。塑料袋的广泛使用一方面与其便捷性有关，更关键的是人民群众的环保意识还不够到位，使得一次性塑料产品的需求市场依旧广阔。另外，近年来广东推行垃圾分类，使得垃圾分类开始从"有没有"到"好不好"，但目前只是在部分区域得到实行，尚未成为人民群众的普遍习惯。③

其次，在植绿护绿方面，因为环保意识不到位，也导致诸多问题。要么是因环保意识不到位，导致污染的反复治理，使得环保的投入收效甚微，例如"在深圳，曾经由于市民水环境保护意识不到位和维护人力的缺乏，导致许多水体的污染问题出现'好了又坏'的反复情况"④；要么因环保意识不到位，导致好心办坏事的行为，例如在保护古树名木方面，"一些村民'过分'爱护村里的古树，沿树根周围做水泥硬化、筑台，导致树木根部不能透气，从而催生出大量浮根"⑤。诚如树医王利军谈到的，浮根本身是树木自我保护的正常现象，但随着新浮根的出现，地下原有根系吸收力变弱，那么在风雨天树木就容易倒伏。⑥

最后，在日常生活中，部分群众因为环保意识不足，容易出现乱倒垃圾、随意践踏草地等不良行为。正如惠州市人大代表付晴川所指出的："虽然惠州对古树名木保护的重视度在不断提高，但保护宣传的深度和广

① 《"限塑令"带来全民环保意识觉醒》，《光明日报》2008年7月24日。
② 《中华人民共和国固体废物污染环境防治法》，中华人民共和国生态环境部网站2020年4月30日。
③ 《城市垃圾分类：如何从"有没有"转向"好不好"》，《科技日报》2023年6月9日。
④ 《为了深圳的河流更清更美》，《光明日报》2019年4月12日。
⑤ 《树医守护惠州绿荫》，《南方日报》2023年9月22日。
⑥ 《树医守护惠州绿荫》，《南方日报》2023年9月22日。

度还不够，群众保护意识、社会关注度仍然不够，仍存在往树下倒垃圾等不文明行为。"①因此，在当下仍有必要深入开展宣传教育，提升环保意识，调动全民参与生态保护的积极性。

（五）政策引导不明确导致政策落地困难

广东省政府对生态文明建设的重视还体现在陆续出台的系列环保政策上。这些政策对人民群众和企事业单位具有指引性、规范性、评价性和惩罚性等作用，引导人民群众和企事业单位更好地为生态文明建设贡献自己的力量。

首先，《广东省环境保护条例》《广东省水污染防治条例》②等以明确的环保标准和要求，指导人民群众和企事业单位落实环保行动，明确主体责任和义务，为环保行动的落实提供指引。其次，《广东省固体废物污染环境防治条例》③等规定产生固体废物的单位和个人应当采取措施，防止或者减少固体废物对环境的污染，对人民群众和企事业单位的行为具有规范性作用。再次，《广东省环保信用评价管理办法（试行）》④对企事业单位的环境行为进行评价，评价结果向社会公开。这使得人民群众和企事业单位的环保行动可以得到客观的评价，反向促进他们积极参与环保行动。最后，《环境保护行政执法与刑事司法衔接工作办法》等对于违反环保政策的企事业单位，采取严厉的惩罚措施，通过惩罚性的政策强化企业的环保意识和环保行为。

---

① 《厚植绿色生态优势 打造乡村振兴引擎》，《惠州日报》2023年9月4日。
② 《广东省环境保护条例》，广东省人民政府门户网站2022年12月15日；《广东省水污染防治条例》，广东省生态环境厅网站2020年12月15日。
③ 《广东省固体废物污染环境防治条例》，广东省生态环境厅公众号2019年6月14日。
④ 《关于公开征求〈广东省环保信用评价管理办法（试行）（征求意见稿）〉意见的公告》，广东省生态环境厅网站2022年11月10日。

尽管目前政府的相关政策引导能为人民群众提供基础性的指引、规范、评价和惩罚机制，但是在某些领域，环保行为的指引仍有待进一步精细化和体系化，例如垃圾分类处理方面的政策指引就有待强化。《广东省城乡生活垃圾管理条例》①已经于2016年1月1日开始施行，2020年修订后的新规在2021年1月1日施行。事实上，垃圾分类已经提倡了很多年，但成效甚微。目前，在不少城市街头，虽然随处可见标有垃圾分类的垃圾桶，但很多时候形同虚设。一是因为人民群众还没形成垃圾分类的意识和常识；二是因为政策执行不到位，存在"收运混""桶点差"等问题；三是因为终端设施处理能力不足。

换言之，垃圾分类虽有条例，但并未形成环环相扣的落实链条。一是因为垃圾分类的要求存在城乡、小区等区域差异；二是因为有些小区实行了垃圾分类，但在运输的时候又混在一起；三是因为管理体制机制不明朗，"九龙治水"。以《广东省城乡生活垃圾管理条例》为例，人民政府发展改革、生态环境、商务、市场监管等部门协同管理城乡生活垃圾，在这种情况下，垃圾分类回收利用难以形成完整的链条。即是说，政策引领的主体不明朗容易导致政策落实难以形成共治合力，难以一以贯之。

（六）区域协调度低影响共治合力的形成

广东作为经济大省，近年来不断强化对生态文明建设的投入，采取了一系列的措施来加强生态治理。然而，在实际工作中，广东也面临着区域差异和行政区划等问题，难以形成共治合力。

一是经济、社会发展差异在区域间表现为环境问题差异化、治理能力差异化。在经济、社会和生态环境发展上，广东存在着较明显的区域差

---

① 《广东省城乡生活垃圾管理条例》，广东省农业农村厅网站2020年12月3日。

异。珠三角地区作为广东省经济发展的核心区域，聚集了众多的企业和产业，城市化程度高，同时也伴随着环境污染和生态破坏等问题。相比之下，粤东、粤西和粤北等地区在经济发展和生态环境保护方面均相对滞后。数据显示，2020年珠三角各市投入170亿元专项经费用于城市内河涌整治，城区实现生活污水管网和处理设施建设全覆盖，而其他地区则存在明显的不足。①尽管广东省在"十三五"规划中部署了生活污水收集任务，但在实际推进过程中，农村污水处理设施的建设并不尽如人意。截至2021年底，全省农村生活污水治理率为47%，②许多乡镇的农村污水处理设施存在管网不配套、运行不正常、设施闲置坏损等现象。

二是因为行政区划的壁垒，跨区域的环保合作和协调存在难度。首先，广东各地区之间的环保政策和执行标准存在区域差异。珠三角地区的环保政策执行较为严格和彻底，而其他地区因综合治理能力和财政能力等原因在环保政策执行方面的力度相对较弱。例如，粤东、粤西和粤北地区的水质监测数据无法直接与珠三角地区进行比较，因为它们的监测标准和方法存在差异。其次，广东各地区之间的环保合作和协调机制不够完善。尽管广东省政府已经建立了跨区域环保合作机制，但各地区之间因为具体政策差异、监测数据差异、行政沟通等方面的原因导致环保合作和协调不够顺畅，难以形成合力。

总之，区域发展差异和行政区划在经济、社会发展方面形成了差异性空间。城乡空间内部在生态问题方面的差异性、环境治理能力的差异性、各地区政策的实施和执行情况以及行政沟通的顺畅度等共同构成区域协调难题，进而影响共治合力的形成。

---

① 《年底前珠三角城区污水管网全覆盖》，《南方日报》2015年9月12日。
② 《粤生活垃圾无害化处理设施数量及能力多年全国第一》，广东人大网2022年12月1日。

第四章

充分发挥广东生态文明
建设的综合效益

新时代我国经济已经转向高质量发展阶段，在中国式现代化新征程中，人民群众对高品质生活的需求越发强烈，建设生态文明是事关人民福祉与社会进步的大计。进一步推进广东生态文明建设必须坚持生态美、产业强、文化兴、百姓富相促进，坚持经济、社会、文化价值统筹发挥，持续推进生态促发展，持续深化生态为人民，持续加强生态养人心，致力于打造一个经济社会高质量发展、生态环境高质量保护、人民生活水平高质量提升的多赢格局，不断提升广东生态文明建设的综合效益，让广东高质量发展释放更多想象空间，最终实现全方位的现代化。

一 提高广东生态文明建设的经济效益

新时代背景下生态建设与经济发展的契合点在于发挥生态建设中的经济效益，形成生态与经济的良性互动。进一步推进广东生态文明建设须倡导绿色资源优势向经济发展优势转变，既满足人民对高质量物质生活的要求，又满足人民对优良生态环境的要求。生态保护与经济发展协调的途径在于生态产品的产业化，将自然生态系统供给的水资源、土地资源、空气资源、生物资源、植物资源等，依托种植、养殖、加工、旅游、康养等产业形式，转化为经济效益。

（一）提高经济效益的必要性分析

提高广东生态文明建设的经济效益是打通绿水青山向金山银山转化通道的必要途径。推动绿水青山向金山银山高质量转化是践行"两山"理论的首要任务，是促进绿色发展的重要表现，是增强发展竞争力的重要手段，具有重要的现实意义。习近平总书记指出："我们追求人与自然的和谐，经济与社会的和谐，通俗地讲，就是既要绿水青山，又要金山银山。"①"绿水青山就是金山银山"这一论断阐释了环境保护和经济发展的关系，要使得生态与经济齐头并进，就不仅要发挥生态资源的绿化功能，而且要发挥生态资源的经济效能。广东省拥有良好的生态资源优势，如果能够把这些生态环境优势转化为生态农业、生态工业、生态旅游等生态经济的优势，发挥出广东生态文明建设的经济效益，那么绿水青山也就变成了金山银山。进一步提高广东生态文明建设的经济效益，有利于持续增强绿色生产能力，实现生态环境与经济发展双赢的目标。大力发展绿色经济，建立健全生态产品价值实现机制，才能打通绿水青山与金山银山之间的转化通道，实现绿满广东、绿美广东，进而绿富广东。

提高广东生态文明建设的经济效益是推动广东高质量发展的必然要求。党的第二次全国代表大会擘画了以中国式现代化全面推进中华民族伟大复兴的宏伟蓝图，对推进高质量发展作出了一系列重要部署，提出"高质量发展是全面建设社会主义现代化国家的首要任务。发展是党执政兴国的第一要务。没有坚实的物质技术基础，就不可能全面建成社会主义现代化强国"②。经济发展与生态保护的辩证关系是人类可持续发展面临的重大课题，如何处理好高质量发展与高水平保护的关系是世界性难题。世界百年未有之大变局的当下，国内外环境复杂多变，对经济与生态的良性互动提出了更高要求。生产经营实践表明，经济发展与环境保护不是对立的，二者之间存在互相影响和掣制的关系。一方面，生态环境为实体经济

---

① 习近平：《干在实处　走在前列——推进浙江新发展的思考与实践》，中共中央党校出版社2006年版，第197页。

② 《习近平著作选读》第1卷，人民出版社2023年版，第23页。

提供生产所需的天然资源，生态环境质量的提升是维持经济长期稳定发展的重要因素；另一方面，经济发展为生态稳定提供资金与技术支撑，健康的生态系统建立在物质循环流动的动态平衡基础上。充分发挥广东生态文明建设的经济效益，是平衡生态保护与经济发展的重要举措。立足新时代新阶段，提高广东生态文明建设的经济效益，关系广东长远发展和民生福祉，也是推动广东高质量发展和现代化建设的必然要求，为广东高质量发展走在前列、继续发挥示范作用塑造优势，确保中国式现代化的广东实践迈出新阶段的坚实步伐。

提高广东生态文明建设的经济效益是新时期广东深入推进改革开放的必然要求。广东是中国改革开放的先行者，党中央高度重视广东在改革开放中的带头作用，党的十八大以来，习近平总书记曾四次赴广东考察调研。作为改革开放的排头兵，广东在领跑经济发展的同时，也面临大气污染、水污染、土壤污染等生态问题，新旧生态环境问题的交织也使得发展受阻。经济与生态存在某种动态关联，从国际经济发展的一般性规律来看，经济的飞速发展往往伴随生态环境的恶化，且这种不均衡状态会持续相当长的时间，至一定阶段，经济发展才与环境恶化"脱钩"，实现良性发展，这一发展态势在经济学上称为"库兹涅茨曲线"。目前，广东已经进入"库兹涅茨曲线"的关键拐点，经济稳步向前与生态逐步改善的双赢格局已经初步形成。[①]"十四五"时期是广东全面建设社会主义现代化国家取得新辉煌的第一个五年，也是经济绿色转型的机遇期，"一核一带一区"区域发展格局为广东生态建设和经济绿色转型注入了新的活力。同时，广东作为改革开放的前沿阵地，聚焦了世界各国的目光，是展示我国改革开放成果的重要窗口，实现生态建设与经济建设双向驱动意义重大。

---

① 赵细康：《广东生态文明建设40年》，中山大学出版社2018年版，第28页。

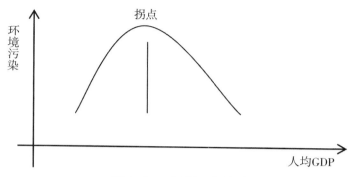

图4-1　库兹涅茨曲线

（二）提高经济效益的可行性分析

首先，广东省生态资源丰富，蕴含巨大生态产业潜能。习近平总书记指出："绿水青山可以源源不断地带来金山银山，绿水青山本身就是金山银山，我们种的常青树就是摇钱树，生态优势变成经济优势，形成了一种浑然一体、和谐统一的关系。"[1]生态环境本身就蕴含着丰富的自然价值，而合理开发与利用生态资源就是自然价值变现与自然资本增值的过程，把生态环境优势转化成经济社会发展的优势，绿水青山就可以源源不断地带来金山银山。广东"七山一水二分田"，有将近1.42亿亩林地，既是林业大省，也是林业产业强省。目前，广东省森林面积约占全国森林面积的4.2%，但其创造的林业产业总产值已经达到全国的10%，连续十三年位居全国第一，持续保有稳中有进的良好发展态势，计划到2025年，全省林业产业总产值突破1万亿元。[2]如参考浙江、福建林业经济模式，依托现

---

[1] 习近平：《干在实处　走在前列——推进浙江新发展的思考与实践》，中共中央党校出版社2006年版，第198页。

[2] 《广东深入推进生态文明建设　坚持"绿水青山就是金山银山"理念》，广东省人民政府门户网站2023年8月15日。

代林业种植技术，在山区推广"一亩山万元钱"的林业经济模式，广东直接的林业产值将可以达到5000亿元以上，这还不包括林产品加工、山区旅游、林业康养等间接性经济收益。①对广东而言，其丰富的生态资源蕴含着生态优势转化为经济优势的巨大潜能，可以变成广东高质量发展的"绿色引擎"。

其次，广东省生态产业具有鲜明优势。广东省林业产业具有完整的产业体系优势。林业工业是广东的传统优势产业，人造板、家具、木（竹）地板、林化浆纸、松香深加工等产值多年位居全国前列。近年来通过林业产业结构转型升级和提质增效，广东林业一产和三产总体也呈上升趋势，促进了林业三产融合发展，打造了一批优秀品牌产品。岭南林药、林果、林菌、油茶、木本粮油等资源丰富，经有效开发利用，足以成为农村经济发展新的增长点。除林业以外，茶业也是广东促进乡村振兴的特色优势产业。广东历来是茶业的产出大省和消费大省，目前，广州芳村已形成全国规模最大的茶叶贸易集散地，这里茶业商品成交量最大，已成为全国茶产业的风向标。广东不仅致力于发展传统茶业，近年来，"喜茶""奈雪的茶"和"茶里"等一批新式茶饮品牌也快速崛起，并以相当快的速度扩张至各省，成为近年来年轻消费群体的新宠和社交时尚，为创新中国茶开辟了新的赛道。此外，广东科创产业生态加速成型，正不断推进"科技—产业—金融"良性循环，在新能源汽车、电子信息、生物医药等领域都有了全新的发展，创新研发的新产品不管在国内还是国际上都有很强的竞争力。

再次，以生态助推经济发展在广东多地已有明显成效。近年来，广东省以河长制、湖长制为抓手，在原先的河湖综合治理基础上升级建设碧

---

① 《打造南粤"绿色引擎"引领高质量发展》，《南方日报》2023年3月17日。

道，致力于碧道建设与河湖治理持续推进，使得原来一些臭水沟、"酱油河"成为环境优美的生态廊道，这一举措不仅改善了河湖环境，也大大激发了周边绿色水经济的发展潜力。这些绿色廊道为广东经济发展提供了新的生态空间载体，各地水经济迎来了新的发展空间。如茂名信宜市建设"锦江画廊"碧道，全线长43公里，有效串联起高城水库景区、镇隆古城景区和沿线的城镇乡村，为观光旅行和骑行健身提供了新的生态场所，带动沿线景点日均游客量同比增长30%以上，为沿线城乡居民提供新的就业契机；河源市积极开发林业碳汇产品，挂点深圳排放权交易所销售，以林业发展助力林农增收[①]；在茅洲河畔，旧工业物流园变为科技展示与生态体验交融共生的科技公园，流域内一批高新技术企业、高校相继入驻，有效激发了经济发展活力与人才培养活力；在梅州蕉岭，15万亩竹海化身"摇钱树"，培育出13家经营大户、11家毛竹合作社及5家深加工企业，竹下菌类、南药等种植走向成熟，精深加工、生态旅游等新业态方兴未艾。

最后，绿美广东生态建设的经济效益仍有很大程度的发掘空间。就林业而言，广东省林业经济规模稳步扩大，林产品国际贸易进一步扩大，现代林业产业发展体系正逐步建立。但相比之下，广东的林业经济仍存在区域性发展不平衡、科学高效现代服务体系不完善、林业科技支撑及技术创新能力不强等问题。[②]广东超过一半的村庄位于山地丘陵地区，而2023年《广东省统计年鉴》的数据显示，以山地为依托的林业产值只占农业总产值的6.18%。[③]这种结构性反差一定程度说明广东山地资源、林业资源的优

---

① 《数见"城色"｜粤东跑出黑马，粤西投资强劲，粤北绿色新引擎》，《南方都市报》2023年8月1日。

② 《打造南粤"绿色引擎"引领高质量发展》，《南方日报》2023年3月17日。

③ 数据来源：《广东年鉴（2023）》，广东统计信息网。

势还远远没有被激发出来，尚有很大发展空间。在广袤山区，由于地形地势与土壤养分等多重因素，种植业发展缺乏耕地资源作为依托。广东很多村镇的山地资源、林业资源其实相当丰富，但是缺乏合格的治理主体、经营主体，因此，基本不能形成规模经济，更难形成有影响力的林业产品品牌，由此导致林业经济总体发展偏弱。就茶产业而言，部分茶叶品牌效应尚未形成，市场占有率低。广东省茶产业企业数目繁多，但部分企业和从业人员缺乏打造特色茶品牌的意识，茶产业宣传方面一般是作为乡村旅游与经济的附带信息，较少结合新媒体平台进行针对性宣传，知名度较低，未形成明显特色及优势，有待进一步加强品牌塑造。

（三）提高经济效益的可能路径

调整优化产业结构，促进一二三产业融合发展。2022年中央一号文件《中共中央国务院关于做好二〇二二年全面推进乡村振兴重点工作的意见》中提出要"持续推进农村一二三产业融合发展"①。生态产业化是发挥生态建设经济效益的有效途径，是绿美广东建设的重要抓手。中共广东省委提出，要着力建设现代化生态产业体系，优化产业结构，促进一二三产业融合发展。就第一产业而言，要大力发展农业种植，提高林地、耕地产出率，向土地要食物、要蛋白，重点推动油茶、竹子、中药材、花卉苗木、经济林果等优势特色产业发展；就第二产业而言，要以市场需求为导向，融入地方文化特色与现代经营理念，促进农产品加工制造，提高农产品的附加值，扩大产业规模，增强区域辐射带动功能；就第三产业而言，要依靠广东得天独厚的山水资源，结合地区特色，激发沿路乡村文化和景观资源的活力，充分发挥其休闲、生态、社会、文化等功能，进一步挖

---

① 《中共中央国务院关于做好二〇二二年全面推进乡村振兴重点工作的意见》，人民出版社2022年版，第27页。

掘古树名木的生态、文化、旅游价值，积极打造古树名木与人居环境相适应的生态系统，提升城乡绿色生态品质，促进乡村产业发展，助力乡村振兴，进而促进全广东经济社会高质量发展。

打造生态产品特色品牌，增强产业市场竞争力和综合效力。通过成立专业运营机构，对碎片化的特色生态资源、文化产品、旅游景点等进行整体谋划、整体包装、整体建设。通过集中土地、资金、技术、政策等优势资源，让生态资源走上品牌化、集约化发展之路。要指导推动乡村特色产业发展，完善区域基础设施，强化要素保障，积极开展招商引资，推动技术、人才、资金向生态产业倾斜，打造广东生态产品特色品牌。就林业经济而言，要持续推进林产品品牌建设，打造"粤林+"特色品牌。通过打造优质、高产、高效、生态、安全的"粤林+"特色品牌，有助于促进生态产品价值和经济溢价。可以将"粤林+"品牌与县域品牌、企业品牌、中国地理标志产品、地理标志农产品等现有品牌相互叠加，既扩大品牌知名度和影响力，也提升广东林产品的附加值和企业竞争力，从而打造广东林业经济的一大新增长极。就茶经济而言，要紧扣茶产业发展"八要素"，善于利用当地的气候优势、水质优势、土壤富硒优势等，因地制宜打造特色品牌。例如广东且珍壹佰农业发展有限公司通过不断强化"紫金蝉茶"的品牌建设，从茶园基地、产品包装到宣传口号都以立体化、系统化的方式展现"蝉"的元素，打造具有"蝉"特色的茶品牌，以此来获得市场关注和消费者的认可。除此之外，利用广东得天独厚的水资源，探索建立水生态产品价值实现机制，发展"碧道+水"经济新模式，打造绿色水经济新业态，把绿色产业作为经济发展新动能，努力将水经济打造成为广东省推动"两山"转化、实现高质量发展的新亮点、新名片。

建立生态产品评价考核体系，推动生态产品价值实现。对生态产品价值实现进行评价考核，是衡量"两山"转化的重要依据，也是评判生态文明建设成效的重要参考。目前广东省生态产业化虽已有成功案例，但开发效率不高、缺乏明确定价标准、交易与变现困难等窘境仍然存在，成为进一步提高生态建设经济效益的阻碍。因此，要在遵循综合性、科学性、层次性、数据可得性的基础上，构建生态产品价值实现的评价考核体系和规范，搭建更广泛、更具权威性的生态产品交易平台。同时，积极拓展生态产品价值实现的不同路径。在生态产品从生态效益向经济效益的转化过程中，不能单纯依赖于某一产业，对于广东省而言，要全方位发展农林业、渔业、畜牧业、旅游业等多种生态产业，进一步用好用足本地丰富的森林资源，多元化推进生态效益更好地转化为经济效益。此外，要构建特色生态产业体系，发挥区域公共品牌效应，增强市场竞争力，推动生态效益向经济效益转化。

创新驱动绿色发展，实现产业转型升级。第一，为绿色发展打造广阔平台。加强科技创新平台建设，与科研机构交流合作，建立生态文明产学研创新平台，将科技园区打造成为农业创新成果的转化高地、农业发展转型的示范基地。加强与中科院、省级科研院所合作，引进合作共建生态文明建设创新平台。支持企业建立研发中心，打造生态企业创新平台。第二，以专有科技推动绿色经济的规模化、专业化。加大技术研发推广力度，积极引进、消化、吸收和再创新国内外先进生态技术，着力形成技术先进、适宜推广的绿色经济新领域、新技术、新产业，着力突破生态修复、污染治理、循环经济、低碳经济、能源替代等领域的技术瓶颈。第三，强化绿色发展的相关产业人才培养。拓宽人才培养和引进的路子，对生态文明建设急需的相关专业人才进行针对性引进，建设相关领域人才高地。坚持走开放合作路子，充分发挥高校院所对科研人才的培育和塑造功能，造就一批高水平的生态科技专家和生态文明建设领军人才。建立健全人才引进激励机制，调动和发挥专业人才的积极性、主动性和创造性，为生态文明建设提供强有力的智力支撑。

 ## 二 增强广东生态文明建设的社会效益

生态文明建设的社会效益是其价值实现的重要组成部分，也是其价值实现效益的难点。相比经济效益、文化效益而言，尽管社会效益的影响具有相对滞后性，且增长较慢，但随着生态文明建设时间与强度的不断推进，其效益会逐渐突显。如今，以生态文明为引领，绿色已成为广东社会发展的底色。广东省积极响应国家号召，到2022年底，已成功创建8个国家生态文明建设示范市、20个国家生态文明建设示范县、7个"绿水青山就是金山银山"实践创新基地。[①]坚定以习近平生态文明思想为指引，广东将锚定高质量发展首要任务，以广东生态文明建设为引领，统筹污染治理、生态保护、应对气候变化，协同推进降碳、减污、扩绿、增长，不断增强广东生态文明建设的社会效益。

（一）增强社会效益的必要性分析

增强广东生态文明建设的社会效益，是增进民生福祉、提高人民生活质量的必然要求。以民为本、不断满足人民群众的期待既是生态文明建设的出发点，也是生态文明建设的根本目的。习近平总书记在党的二十大报告中指出，必须"坚持以人民为中心的发展思想。维护人民根本利益，增进民生福祉，不断实现发展为了人民、发展依靠人民、发展成果由人民共享，让现代化建设成果更多更公平惠及全体人民"[②]。同时他也强

---

① 《让绿色成为高质量发展鲜明底色》，《南方日报》2023年4月11日。
② 《习近平著作选读》第1卷，人民出版社2023年版，第22页。

调，必须"坚持在发展中保障和改善民生，鼓励共同奋斗创造美好生活，不断实现人民对美好生活的向往"①，环境就是民生，"良好的生态环境是最公平的公共产品，是最普惠的民生福祉"②。民生福祉，指人民所享有的高质量生活状态。增强绿美广东生态建设的社会效益，立足于解决人民群众身心健康的环境问题的现实需要，是满足人民高质量生活水平的必然要求。生态系统通过自身功能和运行过程供给人类所需产品和服务，形成和维持人类赖以生存和发展的环境条件与效用。通过打造宜人景观和提供绿色生态产品，推动宜居宜业宜游的优质生活圈建设，增强广东生态文明建设的社会效益，有利于满足居民健康悠闲、享受自然美好生活的强烈需求。

增强广东生态文明建设的社会效益，是维护国家生态安全的广东担当。习近平总书记在第七十五届联合国大会一般性辩论上庄严宣布，中国将采取更加有力的政策和措施，争取二氧化碳排放于2030年前达到峰值，2060年前实现碳中和，并于之后的气候雄心峰会、领导人气候峰会等多个国际场合进一步对此展开阐述，表明中国将坚定不移加以落实的决心。立足新发展阶段、贯彻新发展理念、构建新发展格局，增强广东生态文明建设的社会效益既是政治任务也是责任担当。"十四五"时期，我国生态文明建设进入了以降碳为重点战略方向、推动减污降碳协同增效、促进经济社会发展全面绿色转型、实现生态环境质量改善由量变到质变的关键时期，广东要抓住降碳的关键因素和关键环节，以更大力度强化能耗双控，以更大力度推进节能和提高能效，以更大力度控制化石能源消费和发展非化石能源，以更大力度支持节能降碳新技术新模式新业态发展，确保如期实现碳达峰碳中和目标，为人民的绿色生活提供更有力的保障。这既

---

① 《习近平著作选读》第1卷，人民出版社2023年版，第38页。
② 《习近平著作选读》第1卷，人民出版社2023年版，第113页。

是着眼实现广东自身可持续发展的客观需要，也彰显了广东省作为生态建设排头兵，为建设人类命运共同体、维护全球生态安全的强烈担当和积极贡献。

（二）增强社会效益的可行性分析

广东省生态环境质量稳步提升，为增强生态文明建设的社会效益提供有力保障。改革开放初期，由于缺乏科学合理的规划理念，随意布局与无序开发导致广东省国土空间布局极不合理，甚至造成部分生态资源的发展空间被挤占。自1987年底，广东省开始着力调整国土空间布局，构筑区域生态安全体系、调整优化产业结构、加大污染治理力度，打造"一核、两轴、三区、多点"的国土空间开发基本格局，使人民的生活空间从"能居"到"宜居"，生态空间从"守护"到"持续优化"，人居环境不断改善，绿色版图不断扩大。[①]在生态环境质量水平提升上，广东全省一直走在全国前列，并且长期保持改善幅度领先，大气环境质量持续领跑，连续八年全面达标，率先稳定达到国家二级标准和世卫组织第二阶段标准，率先转入以臭氧防控为中心的攻关模式，率先构建大气污染防治先行示范区，为增强广东生态文明建设的社会效益提供强有力保障。

广东正逐步实现由传统能源向绿色能源的转化。全省贯彻落实习近平生态文明思想，毅然直面生态环境问题，积极推进低碳、节能的绿色发展。目前，广东已基本形成化石能源、新能源全面发展的能源供应格局，全省可再生能源装机量持续提升。同时，广东产业、交通结构也不断优化调整，绿色工厂如雨后春笋般涌现，新能源车开始普及。广东还推动碳排放权交易、碳普惠等试点示范走在全国前列，资源能源消耗强度大幅下

---

① 赵细康：《广东生态文明建设40年》，中山大学出版社2018年版，第14页。

降，高水平完成国家下达的碳强度等约束性指标。针对大气污染，广东近年来加大臭氧污染协同防控力度，针对性治理重点行业VOCs（挥发性有机物）排放，监管柴油车等移动源、整治成品油行业，从源头减排。

污水治理作为广东生态文明建设的着力点已取得重大成就。广东努力重现"广东蓝""珠江绿"的本色之美，将绿色发展、可持续发展作为方向引领，掀起全面建设生态文明的热潮。珠三角地区，群众一度避而远之的茅洲河已换新颜，如今流域内生态湿地公园相继修建，碧道沿河延展，这里已成怡人乐居的生态家园。在粤东，曾经的"黑臭河"练江，如今也成了居民的"亲水河"，宽阔干净的水面成为端午龙舟赛的竞渡场。在农村，生活污水治理连续三年纳入全省民生实事，"污水靠蒸发"正向"清水绕人家"转变；在城市，河涌正在逐步改善，曾经困扰群众的黑臭水体不断消除。为进一步提升群众的幸福感、获得感，"十四五"以来，广东省委、省政府持续高位推动农村生活污水治理工作，连续三年将农村生活污水治理纳入"省十件民生实事"名单，并将其列入"百县千镇万村高质量发展工程"总体部署工作范围。省财政紧紧围绕省委、省政府工作要求，将农村生活污水治理作为涉农资金支持的重点方向之一，2021—2022年累计落实资金超过20亿元，有力保障了农村生活污水治理工作顺利推进。2023年，进一步加大支持力度，省级驻镇帮镇扶村资金按照不少于20%的比例统筹支持农村生活污水治理，预计将落实相关财政资金20亿元，为提升全省农村生活污水治理率提供坚实保障。同时，鼓励地市采取措施拓宽资金筹措渠道，支持中山市成功申报中央黑臭水体治理试点，获得2亿元中央资金支持。在各级财政资金的持续支持下，2022年度纳入民生实事办理的1172个示范村全部完成治理任务，42个面积较大的农村黑臭水体完成整治，超额完成省下达任务。全省自然村生活污水治理率从2018年的低于20%提升至53.4%，村庄污水横流、臭味扰民等问题得到根本性解决。①

（三）增强社会效益的可能路径

充分发挥森林固碳储碳作用，增强"双碳"服务功能。林业具有很高的社会效益，是一种兼顾生态发展与社会发展的交叉性产业，比如森林能够美化环境、涵养水源、保持水土、防风固沙、调节气候、实现生态环境良性循环等。广东生态建设在大力维护、改善森林资源的同时，必然增强由此产生的社会效益。第一，通过碳汇核算计算林业碳汇，对现有森林公园资源实施科学有效的经营管理，提高城区森林整体的固碳能力。将无林地以外的造林活动纳入碳汇造林范围，把天然次生林、灌木林经营产生的碳汇纳入森林经营碳汇项目。第二，保有森林生物量，保障森林碳储量以及碳密度呈增长趋势，从而扩大森林通过呼吸和光合作用吸收并固定二氧化碳的生态功能，减少大气中二氧化碳浓度，为减缓温室效应提供贡献。第三，全面实施森林质量精准提升工程，提高森林碳汇增量。针对现有森林特别是人工林质量偏低的现状，实施森林质量精准提升工程，加强现有中幼林抚育和退化林修复，调整优化林分结构，加强人工林改造力度，改造现有人工林，适当延长轮伐期，提高碳汇增量。第四，科学造林，在树种选择方面，优先选择吸收固定二氧化碳能力强的树种，优先选择稳定性好、抗逆性强的树种，因地制宜确定树种比例与结构，防止树种单一化。要使绿美广东生态建设取得实质成效，"适地适树"是重要原则，广东已编制了全省适生乡土树种名录，各地区可根据区域造林的立地条件，选种合适的乡土阔叶树种。第五，完善林业碳汇交易机制，加大林业碳汇项目开发和储备力度，探索提高林业碳汇在广东碳交易抵消总量中的比例。

---

① 《筑牢"绿美广东"美丽底色》，《中国财经报》2023年8月17日。

利用生态产业增进民生福祉。科学利用生态资源和生态景观，大力发展旅游、康养等新业态，增加优质生态产品供给，增进生态民生福祉。《关于全面实施绿美广东生态建设工作的令》（以下简称"1号总林长令"）要求通过造林绿化、城市绿化和乡村绿化，推进森林公园、湿地公园、植物园等绿色景区建设，全省21个地市都加入了"创森"行列。自2022年韶关、茂名、阳江"创森"成功后，2023年又有河源、汕尾、云浮等市申报创建国家森林城市，此外韶关始兴等27个县（市、区）也加入了县级国家森林城市创建行列，"推窗见绿、出门见景"正成为现实。要坚持全省"一盘棋"，各级各部门的政策制定与落实要坚持问题导向、民生导向，将居民环境整治与广东生态文明建设有机结合起来，统筹抓好城乡面貌改善、生态质量提升和发展空间优化，打造推窗见绿、宜居宜业、处处皆景的美丽家园，持续提升居民的幸福度、满意度。

加大生态保护补偿力度。适时调整公益林补偿标准，健全自然保护地生态补偿制度，探索建立天然林生态补偿制度。2023年以来，广东坚持深入推进绿美广东生态建设工作，截至6月上旬，全省已完成林分优化提升191.72万亩、森林抚育提升128.39万亩。①接下来，广东将不断完善造林激励政策，创新林木采伐管理制度，建立健全造抚一体、造采挂钩的森林培育和管理制度，持续推进以奖代补、先造后补、以工代赈，完善造林项目管护机制，鼓励社会资本参与绿美广东生态建设，打造人与自然和谐共生的绿美"广东样板"。"1号总林长令"提出，各地要适当调整和完善先造后补、以奖代补、以工代赈、公益林效益补偿制度等政策，建立健全生态保护补偿机制，发挥政府和市场合力，充分调动全社会参与生态环境保护的积极性，实现生态保护者和受益者良性互动，预计到2025年，市场化

---

① 《新进展！全省21地市均出台绿美广东生态建设实施方案或意见》，广东省林业局网站2023年6月12日。

多元化生态保护补偿水平将明显提升。鼓励各地通过与社会资本合作、社会资本投资、林权抵押融资、土地流转、合作分成、入股经营等形式，采取市场化运作或政府特许经营的方式，促进社会多元主体参与进来，通过推广先造后补、以奖代补、赎买租赁、购买劳务、以地换绿等模式，引导企业、集体、个人、社会组织等加大投入，多渠道筹措国土绿化资金。

需注重示范带动作用，聚众人之力、积尺寸之功。各级领导需充分发挥示范带动作用，积极参与活动当中。同时，公众是生态文明建设的最直接参与者，也是最终的享有者，生态文明建设是全体人民共同的事业，要聚焦生态惠民，唤醒公众参与生态文明建设的主体意识，扩大绿化美化参与主体和参与途径，通过高标准建设广东生态文明示范点等方式，先易后难，先近后远，让广大人民群众切身感受到生态环境的积极变化，以满腔热情主动参与到广东生态文明建设中来，真正体会到共建共享的乐趣，从而凝聚起真抓实干的强大合力。

▼三 挖掘广东生态文明建设的文化价值

生态文化是生态文明的重要标志，是人民美好生活的基础。新时代的生态文明建设呼唤生态文化价值的发挥，挖掘广东生态文明建设中的文化价值，对实现人与自然和谐共生的中国式现代化具有重大意义。广东高度重视生态文化建设，党的十八大以来，广东将生态文化建设提升至战略高度，在长期的生态文明建设探索和推动低碳发展历程中，通过深入挖掘中华文明特别是岭南文化中的生态元素内涵，积极塑造出了具有地域特征和时代气息的生态文化。

（一）挖掘文化价值的必要性分析

挖掘广东生态文明建设的文化价值，有利于满足人民对精神文明的多样性需求。人民美好生活的需要已经从过去的物质领域拓展到更多领域，这就意味着不仅要满足人民对物质生活提出的新的、更高的要求，还要满足人民对精神文化生活的需求。党的二十大报告提出"物质文明和精神文明相协调"是中国式现代化的基本特色，要"推进文化自信自强，铸就社会主义文化新辉煌"①。丰富人民精神世界是中国式现代化的本质要求，彰显了精神文明、精神力量对中国式现代化的重要性。建设精神文明是凝聚人心的桥梁纽带，是实现人民幸福的关键因素。人民幸福既是人民衣食足，也是人民文化兴，是物的全面丰富和人的全面发展的高度统一。通过挖掘广东生态文明建设的文化价值，为广大公民提供公共文化服务，能够增强人民历史文化认同、推进人民情感归属，从而丰富人民的精神生活内容，提升人民的精神生活质量。

挖掘广东生态文明建设的文化价值，有利于增强人与自然和谐发展的内生性力量。当下，培养公民的资源节约意识、环境保护意识依然是实现人与自然和谐发展的重要内容，面对物质主义、消费主义和个体主义的新挑战，必须从文化的角度引领公民的思想意识和行为，使外在的制度要求转变为内在的道德自觉情感和精神层面的价值观。2023年6月2日，文化传承发展座谈会在北京召开，习近平总书记发表重要讲话，从党和国家事业发展全局战略高度，对中华文化传承发展的一系列重大理论和现实问题作了全面系统深入的阐述。生态文化是人类在处理人、自然与社会三者关系时形成的和谐共生、协调发展的思维方式和价值理念的总和，是实

---

① 《习近平著作选读》第1卷，人民出版社2023年版，第35页。

现人与自然和谐共生的思想和理论基础。加强生态文化建设，对于建设人与自然和谐共生的现代化有着重要的作用。一是对社会意识的引领作用。建设人与自然和谐共生的现代化，靠的是全社会生态文明意识的提高。加强生态文化建设可以引领全社会认识自然规律，了解生态知识，深化对林业与生态、生态与经济、生态与政治等重要问题的认识，进而树立人与自然和谐共生的生态价值观。二是对转变生产生活方式的促进作用。建设人与自然和谐共生的现代化，根本在于生产方式和生活方式的转变。为加强生态文化建设，可以更加广泛地宣传阐释符合人与自然和谐共生要求的生产生活方式，有力促进整个社会生产生活方式的转变。三是对生态文明建设的凝聚作用。生态文明建设直接关系到人与自然和谐共生的现代化目标的实现，在生态文化的影响之下，人们可以在思想观念和实际行动上参与到生态文明建设中来，无疑能够为生态文明建设凝聚起磅礴之力。

挖掘广东生态文明建设的文化价值，有利于弘扬中华民族优秀传统文化。作为文明延续五千年且未中断的古老国度，中国有着悠久而深邃的生态文化。中华民族从古至今缔造和积淀起来的优秀传统生态文化，是中华民族延续发展至今的深层支撑。我国当代的生态文化深深植根于中华优秀传统文化厚土之中，人与自然和谐共生的科学自然观，是对中华优秀传统文化中"天人合一"生态理念的继承和发展。广东省高举习近平生态文明思想的大旗，坚持客观规律性和主体能动性的统一，彰显了"天人合一"传统生态伦理观的当代价值。广东独特的岭南文化是一种集道德操守、传统技艺、风俗信仰等元素为一体的综合文化，在涵育民风，维护生态平衡，引导人们崇德向善，构建和谐城镇、乡村等方面发挥着重要作用，其蕴含的生态智慧丰富多彩，至今具有鲜活的生命力，体现着对中华传统生态文化的继承与发展。深入挖掘广东生态文明建设的文化价值，必将对中华民族优秀传统文化的传播与弘扬起到重要作用。

（二）挖掘文化价值的可行性分析

广东生态资源丰富，形成了独具岭南特色的生态文化。广东地处亚热带季风气候区，得天独厚的气候条件孕育了江河湖海林田草沙湿地齐全的生态圈，海洋文明和农耕文明相互融合决定了岭南文化富含厚重的生态基因。比如，广宁竹文化底蕴厚重，广宁人种竹、养竹、用竹、爱竹、赏竹、写竹、画竹、咏竹，借竹寓意，以竹抒情，历代无数文人墨客赋诗作画配乐，创造、培育和发展了璀璨的广宁竹历史。这一文化形态倡导人与人、人与自然之间的和谐共生，注重生态平衡，尊重自然，保护自然。岭南文化渗透到老百姓的生产与生活实践中，促成人们独特的生活方式、审美情趣、价值判断，形成独具特色的建筑生态文化、园林生态文化、花文化、服饰与饮食生态文化及耕作生态文化等，这些都构成了岭南传统文化中丰富的物质和非物质生态文化元素。例如，在岭南建筑生态文化中，潮汕建筑、广府建筑和客家建筑将生态价值诉求融入建筑理念、建筑取材、建筑装饰等方面。又如，岭南园林是我国园林艺术宝库中的一个重要流派，广东是岭南园林的主要发源地，如广东古典四大名园清晖园、可园、梁园和余荫山房，现代园林如广州草暖公园、流花湖公园勷苑、文化公园园中园等。在岭南园林生态文化中，"务实求乐"是岭南园林有别于北方皇家园林和江南园林的重要文化特征，其园林中生活内容和景点设施更为实在，空间适体宜人，注重现实的感观享受和身心娱乐。再如，在客家人的生产和生活方式中有突出表现的耕作生态文化。纵观闽、赣、粤交界区域，均是"八山一水一分田"的丘陵山区，没有平原广阔的耕地可作为其粮食的来源，于是客家人采用梯田耕作作为主要的土地利用方式，以解决土地与粮食需求之间的矛盾。缓坡辟林为地，扩大粮食作物的种植面积，不仅是中原农耕文化与山地环境嫁接的产物，而且是客家人定居多山地形的必然选择。梯田耕作在防止水土流失的前提下，极大地促进了土壤养分的积累，适应南方气候与多山地形，成为传统山地农业生产中生产力和生产技术较高的农业生产方式。因此，梯田耕作文化不仅仅是一个生态系统，它包含了人与土地协作的过程，这个过程中村落、梯田与森林之间形成小气候循环，是一种具有生态农业特色的文化。

广东人民生态环保意识不断增强，绿色生活方式渐成新风尚。广东省委、省政府通过多种途径广泛传播生态意识和环境保护理念，包括教育和培训领导干部形成绿色领导思维、落实全民环境教育计划和建立社会环境教育体系、开展丰富多彩的宣传教育活动以及系统多元的绿色创建活动等，帮助政府、企事业单位、社会组织和公民个人牢固树立尊重自然、顺应自然、保护自然的生态文明理念，树立"天人合一"的生态世界观、厚德载物的生态伦理观以及顺应时代的生态实践观等，为生态文明建设奠定坚实的思想道德基础；不断引导全社会形成绿色生产生活方式，尊重自然、顺应自然、保护自然的生态文明理念深入人心，简约适度、绿色低碳的生活方式和消费模式加快普及，文明健康的生活风尚初步形成，绿色生活创建行动成效突出，生活垃圾分类和塑料污染治理有序推进，全社会生态环保素养稳步提升。

广东培育和丰富了大批生态文化载体。首先，充分利用博物馆、展览馆、科技馆等场所，展示各地特色生态文化以及现代生态文明建设的最新成果。其次，规划建设了一批生态文化内涵丰富的历史文化名镇名村，加强对承载生态文明的文物保护单位、非物质文化遗产的保护和传承。最后，不断加大生态文化研究，大力发展山水文化、田园文化、森林文化、茶文化等，创新生态文化内容和形式，发挥文艺作品、地方志等在生态文化中的传播作用，支持和鼓励文学美术、影视戏剧等艺术创作融入生态文化元素，举办各类生态文化题材的文艺作品征集展演活动，带动全社会生态文明意识的提升。

但同时，广东省也存在着生态文化知识的传播度及民众知晓度较低、广大民众对生态文化建设的积极性不够高、社会参与度低等问题，一定程度上也影响了全省的生态文化建设工作。这些问题的现实存在，亟须当地政府结合本地的具体情况做出有针对性的举措。

（三）挖掘文化价值的可能路径

深入挖掘绿色生态产品文化内涵。要深入贯彻习近平生态文明思想，继承和弘扬山水文化、竹文化、花文化等传统文化，加强世界自然遗产遗迹、古树古道保护，留住人们的乡愁记忆和文化印记。推动各市各县立足资源禀赋，结合当地空间布局和经济状况，着力打造一批富有本土特色的高质量生态产品品牌。同时，充分开发当地的红色资源、文化基因、古城建筑等，打造富有人文气息的生态旅游模式，推进文旅融合发展，开发一批具有广东特色的生态文化产品，孵化发展生态文化产业。活化利用丰富的森林、湿地等自然资源和历史人文资源，建设高品质的自然教育基地、自然博物馆等，打造粤港澳自然教育特色品牌。要在做好水安全、水资源保障的基础上，继续加强河湖水环境治理，保护和恢复河流水生态，挖掘保护广东水文化遗产，弘扬广东水文化的特色和魅力，促进水文化传承和发展。在这一过程中，必须坚持发展生态文化与践行社会主义核心价值观相融合、与满足人民文化生活需求相适应的方略。

创新生态文化传播，实现生态文化的普及和传承。开展形式多样的宣传方式，不断扩大主题活动的影响力，形成全省上下齐心协力开展代表性主题活动的良好氛围。深化"关注森林"活动，开展植树节、湿地日、爱鸟周等主题宣传活动。广泛开展自然教育，牢固树立生态理念，为打造林业推进人与自然和谐共生的现代化先行示范凝聚更大的共识和力量。聚焦"绿美广东生态建设"这个主题，突出重点、精心组织，充分发挥人大代表作用，全力助推构建绿美广东生态建设新格局，推动形成全社会人人爱绿、积极植绿、自觉护绿的生动局面。加快构建广东特色生态文化传播体系，大力弘扬"岳山造林"的光荣传统，讲好人与自然和谐共生的中国故事、大湾区故事、广东故事。通过挖掘潮汕、客家等具有岭南特色的生态文化，搭建大湾区自然教育和人才交流合作平台；充分利用公园等优质绿色公共空间，开展欢乐跑、音乐会、艺术节、电影夜等活动，建立"绿色生活圈"，打造全省覆盖、全年无休、全员参与的绿美文化盛宴。文旅厅加大力度培育绿色生态品牌，打造"绿美广东"生态旅游产品体系和旅游特色线路，挖掘历史文化价值，围绕"绿美广东"推出艺术作品、艺术精品，推动大地植绿、心中播绿、全民享绿成为岭南新时代新风尚。

优化生态文明教育的文化场域。一是打造生态文化阵地。加强生态文化基地建设，发挥全省丰富的生态自然资源和生态人文资源优势，建设一批高质量、有特色、有创意的生态文化村和生态文化基地。依托自然保护地、国有林场等建设一批自然文化教育基地，打造生态文化宣传教育的主阵地。二是营造生态文化氛围。倡导人们在利用和改造自然的同时，树立爱护自然、发展自然的生态观和道德意识，主张人与自然平等共处、共同发展。在生态意识树立起来和环境保护知识丰富起来的基础上，不断规范广大公众的生态环境行为，鼓励公众身体力行地参与生态环境保护中，让理论指导实践、理念引导行动成为弘扬生态文化、培育环境意识的重要目标。

第五章

提升广东生态文明建设
治理水平

为深入贯彻习近平生态文明思想，推动广东生态文明建设稳步快速发展，广东省委、省政府加快构建现代环境治理体系、健全自然资源管控制度、完善生态保护补偿机制和探索生态产品价值实现机制，不断提升广东生态文明建设治理水平。党的十八大以来，广东将生态文明建设摆在全局工作突出位置，以"绿水青山就是金山银山"为理念，不断提升生态文明建设治理水平，打造了人与自然和谐共生的"广东样板"。然而，为了进一步推动经济社会与生态环境的协调发展，促进人与自然的和谐共生，广东仍需进一步提升生态文明建设治理水平。

 一　加快构建现代环境治理体系

"政府不仅是一个运用技术的大型组织，更是调节经济社会发展的关键主体，需要在与市场、社会的互动中重新界定自身的职责边界。"[①]因此，推进生态文明建设需"构建党委领导、政府主导、企业主体、社会组织和公众共同参与的现代环境治理体系"[②]，以适应当今社会经济发展和生态环境保护的需要。为此，广东省委、省政府不断致力于环境治理体系的构建，提升生态文明建设治理水平，实现经济社会发展与环境保护的良性互动。

---

① 郁建兴等：《数字时代的政府变革》，商务印书馆2023年版，第8页。
② 《中共中央办公厅　国务院办公厅印发〈构建现代环境治理体系的指导意见〉》，中国政府网2020年3月3日。

（一）加强环境保护的法规建设

推动生态文明建设，健全保障体系，就"要强化法治保障，统筹推进生态环境、资源能源等领域相关法律制修订"①。广东为加快推进生态文明建设，构建现代环境治理体系，进一步加强了环境保护的法规建设。2004年9月通过了《广东省环境保护条例》，并分别在2015年、2018年、2019年和2022年对该条例进行修改和完善，旨在加强对环境保护的监管和管理，提高环境保护的法制化水平。同时，相继出台了《广东省森林保护管理条例》《广东省矿产资源管理条例》《广东省土地管理条例》和《广东省海域使用管理条例》等一系列关于自然资源管理的地方性法规，明确了各种自然资源保护的基本原则和管理措施。"法治是社会治理的根本，也是社会治理创新的圭臬"②，健全的法规体系是生态文明建设的重要保障。广东环境保护法规的不断修正和完善，不仅有效地规范了企业和公民的环境行为，促进了生态环境的改善和保护，而且为广东乃至整个国家的生态文明建设和现代化进程注入了强大动力。

近年来，广东加强环境保护的法规建设，在大气、水和土壤污染防治以及林业保护等多方面取得了显著的成效。例如，对于破坏林业资源的违法犯罪行为，广东加大执法力度，依法查处了多起破坏森林资源的刑事犯罪案件，对违法行为人依法进行了惩处。据统计，从2018年到2023年6月，广东法院共审结了62186件各类环境资源案件，其中包括刑事案件13977件、民事案件28745件和行政案件19464件。相关数据显示，自2020年以来，全省法院对环境资源案件的一审受理数量呈逐年下降态势。其

---

① 《全面推进美丽中国建设　加快推进人与自然和谐共生的现代化》，《人民日报》2023年7月19日。

② 郁建兴：《新常态下的社会治理现代化》，《今日浙江》2015年第7期。

中，2022年刑事案件一审受理数量同比下降35%，生态环境类型的案件呈现下降趋势。①此外，广东省采取了多项措施，如加强巡逻监测、提高处罚力度、建立举报奖励机制等，形成了执法合力，有效遏制了破坏林业资源的违法犯罪行为。

"保护生态环境必须依靠制度、依靠法治。"②广东已经进入环境治理提质期，是追求环境高质量发展的重要时期，但是目前广东仍存在"生态环境保护结构性、根源性、趋势性压力总体上尚未根本缓解，累积性生态环境问题仍然突出，生态环境质量全面改善的基础还不牢固，环境治理能力有待提升"③等问题。为了应对广东生态文明建设所面临的新挑战，或可从以下方面进一步提升环境保护的法治水平。第一，继续制定并完善环境保护相关的地方性法规，以针对当地环境保护的具体挑战。例如，对于珠江三角洲地区等经济发达地区，可以进一步加强排污标准，推动企业实行更严格的环境保护措施；全面做好海岛自然资源保护、非农业建设补充耕地等立法工作，提高环境保护效率和管理水平，实现绿色可持续发展。第二，进一步加强环境和自然资源管理的执法力度和监督机制。通过加强法规的执行力度，提高执法效率和水平，严格惩处违法行为，保障环境保护的有效实施。第三，加强环保法规的宣传教育，提高公众对环境保护的法治意识。例如，组织环境保护法规讲座、展览、研讨会等活动，通过实际行动和互动方式，提升公众的环保法治意识。

---

① 《非法采砂判赔29.6亿余元！广东高院发布环境资源审判典型案例》，《广州日报》2023年8月15日。
② 《习近平关于社会主义生态文明建设论述摘编》，中央文献出版社2017年版，第99页。
③ 《广东省人民政府关于印发广东省生态文明建设"十四五"规划的通知》，广东省人民政府门户网站2021年10月29日。

（二）建立健全环境治理机构体系

建立健全的环境治理机构体系对广东加快构建现代环境治理体系具有重要意义。其一是提升环境治理效率。健全的机构体系有助于明确各机构的职能分工和工作内容的规范化，避免重复劳动，提高环境治理项目的实施和推进效率，从而有效改善生态环境。其二是保障环境治理决策科学性。健全的机构体系可以通过专业化、科学化的决策流程和机制，提供更为客观、全面的环境治理政策建议，避免因个别利益而影响环境治理的合理性和公正性。其三是促进跨部门协同治理。健全的机构体系有助于各部门之间的信息共享和协同配合，实现环境治理工作的整合，提高政府协同治理水平，避免各部门间的利益冲突和信息壁垒。

近年来，广东省在建立健全的环境治理机构体系方面（包括山水林田湖草沙等）取得显著的效果。例如，在林业环境治理方面，广东省委、省政府积极推进林长制改革，印发《关于全面推行林长制的实施意见》，建立省市县镇村五级林长体系，制定7项配套实施制度，初步建立起林长制体系。截至2023年，全省共设立各级林长97000多名，发布各级林长令300多道，每年度巡林100多万人次。[①]此外，自2019年全面推行林长制试点以来，广东各地市、区、县就开始了对"林长+"联动协作机制进行探索，不但创造性地构建了"林长+警长""林长+森林法官""林长+检察长""河长+林长+检察长"等模式，而且创新性地促成了省林长办、省林业局、省高级人民法院、省人民检察院、省公安厅等有关部门协作配合的森林草原资源保护工作机制，以高水平、高质量、高标准的方式促进广东林业的发展，助推广东生态文明建设的进程。（见图5-1）

---

① 《森林法官、警长来了，广东推广"林长+"协作机制》，《广州日报》2023年9月25日。

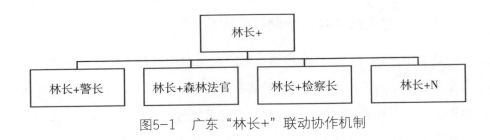

图5-1 广东"林长+"联动协作机制

广东各地在推进"林长+"机制方面取得了显著成就，在结合广东本土森林资源的基础上形成了广东治理的特色，体现了治理森林资源的广东智慧。例如，汕头市实施了一系列"林长+"项目，包括"林长+绿美汕头""林长+产业发展""林长+智慧监控"和"林长+部门协作"等，这些举措推动了"林长+"制度的纵深发展。韶关市以激活绿色发展的新动能为目标创新推行了"林长+N"模式。梅州市建立了"林长+检察长"工作机制，通过引入法治和制度举措，加强了森林资源的管护工作，构建了绿美梅州的生态安全屏障。河源市建立了"林长+森林法官"工作机制，将森林生态保护与司法审判相结合，打造了司法嵌入式的"林长"制度，从根本上打击了破坏森林资源的违法犯罪行为。①

为了进一步提升环境治理的专业化和高效性，推动广东生态文明建设，广东环境治理机构体系或可从以下几个方面进一步完善。第一，健全环境治理领导责任体系。建立环境保护部门的权责清单，落实党政同责、一岗双责，强化省级政府的总体领导责任，确保各级政府和各部门在环境保护方面的责任层层压实，避免和减少各部门各地区受局部利益本位思想的影响而出现推诿扯皮、争功避责的现象。第二，完善省市县三级生态环境保护委员会制度。在保护规划和重大环境事件的处置方面，提升省市县

---

① 《广东出台林长制和绿美广东工作考核实施细则》，南方网2023年11月16日。

三级环境治理的协调性和高效性，提高整体决策的科学性、有效性。第三，进一步完善以林长制、河湖长制为主体的多种制度相结合的环境治理机构体系。以河长制为例，这一重大公共决策和政府行为改变了"九龙治水"的尴尬局面，在河流生态建设方面发挥了巨大作用。但是，河长制在实践过程中依然存在"法律层面合法性局限"和"意识形态层面合法性局限"，也受到"政府自身能力限度"和"河长制权力设计逻辑的局限"的制约。[①]政府需要不断提升自身能力，引导和鼓励各方力量投入到河长制下的水污染治理当中，才能推动生态文明建设取得更大成就。

（三）促进多元主体参与环境治理

《广东省生态文明建设"十四五"规划》指出："加快构建党委领导、政府主导、企业主体、社会组织和公众共同参与的现代环境治理体系。"[②]这实质上是治理理论本土化不断深化的结果。当代治理理论认为，治理主体不仅包括国家和政府，还包括企业、社会组织等多元主体。[③]生态环境属于公共物品，各国政府在应对生态环境问题时不可避免地出现了"政府失灵"和"市场失灵"的困境，而多元共治的治理模式强调政府、企业、公众、非政府组织等充分发挥各自的资源和优势，形成合力，实现环境治理的全面覆盖和深度推进，突出了治理主体的多元性和治理过程的协作性。在我国经过本土化的治理理论强调党委领导下的现代环境治理体系，有效克服了西方治理理论去中心化、去权威性的局限性，通过充分发挥党委在环境治理体系中的领导作用和权威性，从而有效应对环

---

① 梁健：《河长制的困局与出路：基于政府功能限度的视角》，《长江论坛》2018年第5期。

② 《广东省人民政府关于印发广东省生态文明建设"十四五"规划的通知》，广东省人民政府门户网站2021年10月29日。

③ 欧阳康：《国家治理现代化理论与实践研究》，华中科技大学出版社2021年版，第10页。

境治理过程中的治理失灵和各类复杂、不确定性因素，提升环境治理的全面性、稳定性和有效性。

近年来，广东积极探索促进多元主体参与环境治理的实现路径，在林长制、湖长制、河长制等方面取得了卓越成效。例如，佛山多元主体助推河湖长制的创新模式，为各地促进多元主体参与环境治理提供了良好的示范作用。其中，佛山罗园村启动的"中国美丽乡村计划"就是政府支持、村级自筹和绿盟公益共同作用的结果。在河涌整治的整个项目中，发动绿盟公益成员企业、专家、村民、志愿者等多方力量，总筹资5400多万元。通过多元主体的共同治理和守护，河涌治理效果十分显著，成功地将原本劣五类黑臭水体改造为四类水体。①更重要的是，由于项目取得了卓越的成效，反过来推动形成了罗园涌的长效维护机制，从而为当地的生态环境保护提供了长期的保障。

为进一步提升广东环境治理水平，或可从以下几个方面推动多元主体参与环境治理。第一，积极宣传多元主体参与环境治理的成功案例。政府可以通过各种媒体渠道和宣传活动向公众展示各方参与环境治理所取得的成果和效益。通过积极宣传，既可以增强企业、社会组织和公众的环境保护意识，又可以激发更多人参与到环境治理中来。第二，建立和完善激励奖励机制。譬如，政府可以通过税收优惠、资金补贴、评优表彰等方式，激发各方的积极性和创造性，推动多元主体积极参与环境治理。第三，加强对环境治理多元主体的培训和支持，提升其环境治理能力，使其能够更好地参与生态文明建设中。通过以上方式，进一步有效整合资源，形成多元化的环境治理主体，构建政府为主导、企业为主体、社会组织和公众共同参与的现代环境治理体系，从而推动广东生态文明建设的良好发展。

---

① 《佛山创新模式多元主体助推河湖长制 治水管家展"拳脚"》，南方新闻网2019年3月23日。

二 健全自然资源管控制度

广东自然资源安全是广东发展安全乃至国家发展安全的重要组成部分，健全自然资源管控制度作为确保自然资源安全、实现自然资源最优配置的关键环节，自然成为广东提升生态文明建设治理水平的必然选择。改革开放以来，特别是党的十八大以来，广东省委、省政府不断致力于建立和完善自然资源管控制度并取得了较为卓越的成绩。一方面，广东始终坚持问题导向和系统思维，聚焦自然资源安全中的重点问题和薄弱环节，运用生态保护红线制度、自然资源管理运行机制等多种手段实现全过程和整体化的管控；另一方面，广东在确保运行机制中责任到位的同时，不断运用科技手段提升自然资源管控制度的效能，化解基层治理人力、物力不足等难题。这使得国土面积仅占全国1.87%的广东在2022年创造了129118.58亿元[1]，同年全国国民生产总值1204724亿元[2]，却贡献出了全国近10.7%的国民生产总值，在全国土地资源节约集约利用水平方面仅次于北京、上海；林业产业总产值连续十四年排名全国第一，2022年高达549.15亿元[3]；海洋经济总产值2022年高达1.8万亿元，连续二十八年位居全国第一。[4]但与此同时，广东当前在自然资源方面仍存在林地恢复速率低、水源涵养与碳汇能力有待提升，自然湿地呈现退化趋势、沿海防护林遭受破坏、海岸线保护与利用的协调性不足等问题。[5]因此，为了进一步推进绿美广东的

---

[1] 《2022年广东省国民经济和社会发展统计公报》，广东省统计局网站2023年3月31日。

[2] 《国家统计局关于2022年国内生产总值最终核实的公告》，国家统计局网站2023年12月29日。

[3] 数据来源：国家统计局网站分省年度数据。

[4] 《广东海洋经济发展报告（2023）》，广东省自然资源厅网站2023年7月26日。

[5] 《广东省自然资源厅关于印发〈广东省国土空间生态修复规划（2021—2035年）〉的通知》，广东省自然资源厅网站2023年5月15日。

生态文明建设，有必要在现有的基础上，继续运用成功经验健全广东自然资源管控制度。

（一）坚持自然资源管控的问题导向和系统思维

自然资源是一个国家和地区发展的关键性生产要素。广东自然资源储量巨大、种类丰富、分布广泛，对自然资源的管控不仅关乎广东生态文明建设的治理水平，同时涉及经济、政治、文化、社会等多个领域的安全发展。可以说，广东的自然资源管控工作是一个庞大复杂的系统工程，想要科学、统一、有效地推进自然资源管控制度绝非易事。而问题导向和系统思维则是广东破解自然资源管控制度难题的"金钥匙"，其有效弥补了只关注结果而忽视过程、只关注局部而忽视整体的目标思维的局限性，具有重要的方法论意义。坚持问题导向和系统思维，继续科学合理运用好这一方法论，必将对广东实现自然资源全要素管控、健全自然资源管控制度这项重大而深刻的工程起到积极而扎实的推动作用。

党的二十大报告强调，"我们要增强问题意识，聚焦实践遇到的新问题、改革发展稳定存在的深层次问题、人民群众急难愁盼问题"，要"把握好全局和局部、当前和长远、宏观和微观、主要矛盾和次要矛盾、特殊和一般的关系"，"坚持山水林田湖草沙一体化保护和系统治理"等。[①]广东省委、省政府在健全自然资源管控制度时，始终贯彻落实党的二十大精神和战略部署，以问题导向和系统思维助推自然资源管控。一方面，"问题意识和问题导向是捕捉与解答现实问题的精要所在"[②]。广东始终关注自然资源管控的薄弱环节，聚集自然资源管控中出现的重点、难点问题，找寻问题出现的深层根源，从而针对问题迅速补齐短板，持续深化自

---

① 《习近平著作选读》第1卷，人民出版社2023年版，第17、41页。
② 刘同舫：《当代中国马克思主义的哲学境界》，《中国社会科学》2021年第9期。

然资源的管控工作。如2017年4月，广东国土资源厅在开展17宗矿业权清理整改工作中，发现全省各类自然保护区范围的矢量数据不准确、不齐全，有关部门信息化和数据共享工作不够彻底等问题。对此，广东国土资源厅立足问题、标本兼治，通过多种渠道收集了自然保护区范围的矢量数据，迅速形成了全省自然保护区边界矢量数据库，及时提供给省环保部门使用，并将其纳入土地和矿业权审批信息系统，有效避免矿业权与自然保护区重叠设置问题。①另一方面，广东摆脱"只见树木不见森林"的局限思维，牢固树立系统思维，从认知水平、行为惯性、制度重构等方面全面转变，让机构改革和山水林田湖草治理在化学反应中产生最大乘数效应，既注重制度政策的耦合关联，也发挥部门的协同效应②，使自然资源管控制度与现代环境治理体系、生态保护补偿机制和生态产品价值实现机制之间形成治理合力。如广东财政厅在推进自然资源管控工作时，始终践行"山水林田湖草是一个生命共同体"理念，坚持以重点项目为引领，推动韶关市广东粤北南岭山区山水林田湖草生态保护修复项目、梅州市广东南岭山区韩江中上游山水林田湖草沙一体化保护和修复工程项目，争取中央资金、统筹用好省级现有资金支持自然资源管控。项目实施以来，沿线生态环境质量改善显著。2020年，韶关市被国务院通报表彰为"环境治理工程项目推进快，重点区域大气、重点流域水环境质量明显改善的地方"；梅州市完成生态保护修复总面积465平方千米，2021—2022年全市16个地表水断面水质优良比例达到100%，全面消除地表水劣Ⅴ类水体。③

2023年，时任广东省财政厅厅长戴云龙指出："近年来，广东在农

---

① 《坚持问题导向，切实规范矿业权管理秩序》，广东省自然资源厅网站2018年1月3日。
② 《有整体意识也要有系统思维》，广东省自然资源厅网站2020年8月17日。
③ 《以绿美广东生态建设为牵引 全力支持推进广东生态文明建设——访省财政厅党组书记、厅长戴运龙》，广东财政厅网站2023年11月28日。

田改良、森林抚育、滨海湿地修复、水土流失和矿山治理等自然资源管控方面都取得显著成效。广东的万里碧道建设、红树林保护修复专项行动计划、美丽海湾建设以及矿山综合整治等，都在全国起到示范性作用。"①毋庸置疑，问题导向和系统思维作为广东自然资源管控的科学方法，在健全自然资源制度方面起到了重要作用。为进一步健全广东自然资源管控制度，或可从以下几个方面进一步发挥问题导向和系统思维的作用。第一，明确目前自然资源产权制度、自然资源资产管理模式、自然资源有偿使用制度中存在的主要问题，如产权制度不健全、有偿使用制度不统一、统计核算制度不全面等问题，找到问题产生的深层根源和本质要素，从而突破、解决自然资源管控制度的瓶颈。第二，以系统思维综合管理、整体保护，在科学规划、规范管理、健全制度、保障投入等方面一体发力，加强源头预防环节、过程控制环节的全方位管控，统筹山水林田湖草沙之间的关系，实现各类自然资源与人口、环境的协调发展，提高自然资源与经济、社会的协同性，注重三者之间异质共存、功能互补和生命互惠的关系。第三，实现健全自然资源资产产权制度体系、国土空间规划和用途管制体系、自然生态空间保护修复体系、自然资源节约集约利用体系、自然资源精准高效配置体系、自然资源法治监督体系的有机统一。②

（二）建立健全自然资源管理机制

"自然资源管理是帮助实现自然资源最优化配置等目标而开展的一系列管理措施，但却涉及生态环境、人类健康、社会文明等方方面面，科

---

① 《以绿美广东生态建设为牵引 全力支持推进广东生态文明建设——访省财政厅党组书记、厅长戴运龙》，广东财政厅网站2023年11月28日。

② 参见《中共广东省委 广东省人民政府关于全面推进自然资源高水平保护高效率利用的意见（2022年3月24日）》，广东省人民政府门户网站2022年6月21日。

学、合理、有效地进行自然资源管理关系到人类未来的可持续发展。"①
而自然资源管理机制则是实现自然资源科学管理、高效配置的根本支撑，
也是反映自然资源管理情况的基本依据。广东自然资源管理机制的建立健
全对于完善自然资源管控制度，从而提升生态文明建设的治理水平至关重
要。党的十八大以来，广东在建立健全自然资源管理机制方面持续发力，
2018年广东根据《中共中央关于深化党和国家机构改革的决定》和《广东
省机构改革方案》正式设立广东省自然资源厅，其设立是一场系统性、整
体性、重构性变革，深刻表明广东已经将自然资源管理机制工作提升到前
所未有的整体战略层面。

近年来，广东始终关注自然资源管理机制工作，强调要"建立自然资
源资产的多部门协同监管机制，推动跨部门、跨区域监管资源共享"②，
并提出了整合资源管理职能、加强环境监测与评估、推动生态修复和保
护及林业保护等管理办法。能够看出，广东在建立健全自然资源管理机
制方面作出了诸多努力并取得了显著成效。第一，在创新自然资源资产
管理模式的实践工作中，广东深刻意识到"自然资源管理体制的核心问题
是自然资源资产产权制度问题"③。为进一步响应国家关于自然资源产权
制度改革的号召，广东不断探索"全民所有自然资源资产所有权和监管权
分离的自然资源资产管理方式"④。2020年广东省自然资源厅印发《广东
省推进自然资源资产产权制度改革实施方案》，推进自然资源资产产权制

---

① 宋马林等：《中国自然资源管理体制与制度：现状、问题及展望》，《自然资源学
报》2022年第1期。
② 《广东省生态文明建设"十四五"规划》，广东省人民政府门户网站2021年10月29日。
③ 卢现祥、李慧：《自然资源资产产权制度改革：理论依据、基本特征与制度效应》，
《改革》2021年第2期。
④ 《广东省人民政府关于印发广东省生态文明建设"十四五"规划的通知》，广东省人
民政府门户网站2021年10月29日。

度改革，并在2021年印发《广东省全民所有自然资源资产清查试点实施方案》，率先在全省范围开展包括土地、矿产、森林、湿地、草地、海洋6类全民所有自然资源资产清查试点工作，并在2022年开展全省变更清查试点工作。①这种管理方式不仅有效地保障了广东自然资源的可持续利用和保护，促进自然资源的公平合理利用，而且科学地提升了广东自然资源管理的透明度和效率，增强公众对广东自然资源管理的信任度。第二，在自然资源管理办法方面，广东不断根据自然资源情况革新和完善自然资源管理办法，以实现更为规范和可持续的自然资源管理，这为广东经济发展和生态环境保护提供了强有力的支撑。例如，广东省林业局在2021年7月和2022年1月分别印发了《广东省林业局关于林木采伐的管理办法》和《广东省林业局造林管理办法》的通知②，进一步明确采伐限额管理、采伐许可证管理、采伐规范管理等林木采伐的具体制度，以及根据现实情况提出了造林的任务管理、项目管理、作业设计、施工管理、抚育管护等多方面制度内容。这两则管理办法旨在建立和完善林木采伐和造林项目的管理制度，将森林培育、保护和采伐等环节有机结合起来，形成一个统一、协调的管理体系，以确保森林资源的合理利用、生态保护和可持续发展。第三，在自然资源管理理念方面，广东着力推动有效市场和有为政府更好结合，实施全要素、全周期、全方位和资源资产资本"三位一体"管理，推进自然资源总量管理、科学配置、全面节约、循环利用。如在2022年3月，中共广东省委、广东省人民政府印发的《关于全面推进自然资源高水平保护高效率利用的意见》就明确强调，要对土地、海洋、森林、水、湿

---

① 《广东省全民所有自然资源资产清查试点顺利完成》，广东省自然资源厅网站2022年1月25日。

② 《广东省林业局关于林木采伐的管理办法》，广东省林业局网站2021年7月9日；《广东省林业局关于印发〈广东省林业局造林管理办法〉的通知》，广东省林业局网站2022年1月30日。

地、矿产等主要自然资源进行科学管理，全周期覆盖调查监测、确权登记、产权权益、规划管制、保护修复、开发利用、审批服务、执法监督等自然资源管理全过程，运用经济、法律、行政等多种手段综合施策，省市县镇上下协同联动。[①]

广东蕴含丰富的自然资源，如何更为合理、有效地管理自然资源对于充分发挥自然资源的经济、社会与文化效益显得尤为重要。为进一步提升自然资源管理工作的有效性和科学性，广东或可从以下几个方面进一步完善自然资源管理机制。第一，完善自然资源管理部门的分工合作机制。既要明确各级机构在自然资源管理中的职责和权限，避免管理工作的交叉和重复，也要确保各个环节的协调配合，落实共同责任机制，推动跨部门、跨区域监管资源共享。第二，加强自然资源管理人才队伍建设。自然资源管理工作需要具备相关专业知识和技能的人才，广东省自然资源厅可以加大对自然资源管理人才的培养和引进力度，提供良好的培训和发展机会，提高管理人才的工作素质和技能水平，使其具备扎实的理论基础和实践经验，以适应日益复杂多变的自然资源管理需求。第三，进一步细化和优化自然资源管理流程。落实预研、立项、起草、征求意见、审查、批准、复审等标准全生命周期各环节质量管理和进度要求，建立完善业务司局联络制度、标准制修订台账和每月通报制度、定期工作调度制度、标准化工作年报制度，加大对自然资源的日常管理，强化标准实施监督。[②]

---

① 《中共广东省委 广东省人民政府关于全面推进自然资源高水平保护高效率利用的意见（2022年3月24日）》，广东省人民政府门户网站2022年6月21日。
② 《自然资源部办公厅关于进一步完善自然资源标准化工作管理要求的通知》，自然资源部网站2023年8月11日。

（三）加强自然资源管控领域的科技攻关和技术创新

自然资源大数据是"新时期自然资源精细化、智能化管理的必备要素"①，在数字化改革和信息化监测的管控背景下，加大科技在自然资源管控领域的使用和投入，不仅能够以精细化的数据帮助提升自然资源勘查和监测的精度与效率，有效弥补人力管控的不足之处，而且能够实现自然资源的网络化、智能化管理，不断提升服务的保障能力和水平，从而实现经济社会发展与生态环境保护的良性循环。改革开放以来，特别是党的十八大以来，随着数字化管理的兴起及其在自然资源管控领域起到的重要作用，广东省委、省政府不断建设"智慧自然资源"，运用卫星遥感、人工智能、区块链等新技术新手段实现对自然资源的整体化管控。

2019年，自然资源部印发《自然资源部信息化建设总体方案》，明确提出整合、规范、扩展现有的基础地理、遥感影像、土地、地质、矿产、海洋、林草、湿地等各类自然资源和国土空间数据，构建地上地下、陆海相连的自然资源大数据体系，形成统一的自然资源三维立体"一张图"。②在贯彻落实国家自然资源部的指示精神下，近年来，广东积极开发和引入新技术并应用于自然资源管控领域，不断运用科技手段提升自然资源管控制度的效能，并取得了较为显著的成效。例如，在自然保护区遥感监测实地核查方面，广东省林业局将3S技术应用到自然保护地监管工作和"绿盾行动"中，获取自然保护区内的高分辨率影像数据，大大提高了工作效率和监测准确性③；在林草综合监测调查工作中，广东为提高监测

---

① 陆敬刚等：《大数据背景下市级自然资源综合业务管理的智慧实践——以宿迁市"智慧自然"建设为例》，《自然资源信息化》2023年第5期。

② 《自然资源部信息化建设总体方案》，自然资源部网站2019年11月1日。

③ 《广东开展自然保护地人类活动遥感监测》，国家林业和草原局政府网2022年4月10日。

效率，引入和升级了包括RTK（载波相位差分技术）设备、罗盘仪、红外测距仪、平板电脑等专业调查设备，并将智能终端、移动互联网、网络通信、数据库等技术进行综合集成应用。这一举措实现了森林资源清查数据采集的全程无纸化作业，成功将创新技术融入自然资源监测当中，为全国森林资源调查技术的进步和创新做出重要贡献[①]；在林业有害生物防治工作中，广东在"十三五"期间应用生物防治新技术，使全省林业有害生物成灾率成功控制在4‰以下，无公害防治率大幅提高至85%以上，测报准确率连续四年维持在90%左右，种苗产地检疫率更是达到了100%。[②]（见表5-1）在地理国情监测工作方面，2020年广东地理国情监测数据入库工作完成，其中监测要素检查量高达1781万多个，完成县区数（包括不分区）122个，筛选白名单审核数5000多个，实现汇交问题遗留0个。[③]（见图5-2）同时，为奖励在土地、海洋、地质矿产、测绘地理信息等领域取得理论、技术、方法创新具有突出贡献的个人和组织，广东省自然资源厅发布了《金粤自然资源科学技术奖励办法（试行）》，意在调动广大科学技术研究工作者的积极性和创造性，推动广东自然资源科技创新发展。

表5-1 "十三五"期间全省林业有害生物防治指标完成情况统计表

"四率"	2016年		2017年		2018年		2019年		2020年	
	指标	完成情况	指标	完成情况	指标	完成情况	指标	完成情况	指标	完成情况
成灾率（‰）	5.0	1.3	4.6	1.5	4.6	0.8	4.4	1.1	4.4	2.3

① 《广东全面完成今年林草生态综合监测森林样地调查监测工作》，南方网2023年5月12日。

② 《广东省林业局关于印发〈广东省林业有害生物防治"十四五"规划〉的通知》，广东省林业局网站2021年9月6日。

③ 《［厅属动态］一次通过！全省地理国情监测数据入库工作完成！》，广东省自然资源厅网站2021年5月25日。

（续表）

"四率"	2016年		2017年		2018年		2019年		2020年	
	指标	完成情况	指标	完成情况	指标	完成情况	指标	完成情况	指标	完成情况
无公害防治率（％）	85.0	96.5	85.0	85.4	88.0	88.0	88.0	88.3	88.0	90.5
测报准确率（％）	85.0	98.5	85.0	90.2	90.0	90.0	90.0	90.0	90.0	90.0
种苗产地检疫率（％）	95.0	100.0	95.0	100.0	99.0	100.0	99.0	100.0	100.0	100.0

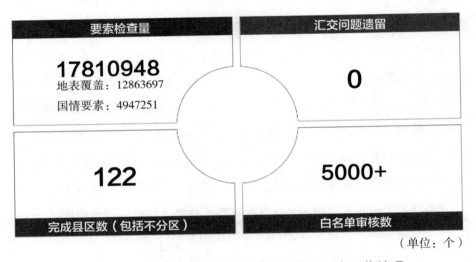

（单位：个）

图5-2　广东省2020年地理国情监测数据入库工作情况

同时，广东以自然资源调查监测数据为基础，采用国家统一的测绘基准和测绘系统，依托"粤政图"平台整合各类空间关联数据，建立全省统一的国土空间基础信息平台，实现全过程、全方位管控。广东以国土空间基础信息平台为底板，统筹建设维护国土空间规划"一张图"实施监督信息系统，实现主体功能区战略和各类空间管控要素精准落地。依托全省国土空间规划"一张图"实施监督信息系统，强化国土空间规划编制、审批、修改和实施监督全过程信息化支撑，提高建设项目选址策划生成水平，为统一国土空间用途管制、实施规划许可提供保障。通过省政务大数据中心与"粤政图"平台推进政府部门之间的数据共享以及政府与社会之间的信息交互。①

实践证明，广东在自然资源管控领域引入和应用新的技术手段取得了较为突出的成绩，明显提升了自然资源管控制度的有效性和科学性。但同时，目前广东在自然资源科技创新方面仍存在技术研发有待改进、科技人才结构有待优化、应用效果有待提升等问题。为进一步提升自然资源管控制度的效能，广东或可从以下几个方面进一步推动自然资源领域的科技攻关和技术创新。第一，加强自然资源科技创新研究和加大技术研发投入。通过研究和开发先进的监测设备和治理技术，提高环境监测与治理的能力，提升自然资源审批监管的智能化水平，以保护自然资源和生态环境。譬如，研究水循环利用、水质监测与治理等先进的水资源管理技术，提高水资源的利用效率。第二，进一步完善自然资源科学技术激励政策，吸引更多高科技人才或组织投入自然资源领域。比如，通过加大科技创新基金投入、设立奖励机制、提供优惠税收政策等方式鼓励和支持自然资源领域的科技创新和应用，提高科技人才的积极性和主动性。第三，进一步加强自然资源监测与评价，完善自然资源数据库，持续强化自然资源数据基座。通过加强对自然资源变化的监控，建立健全自然资源数据库，及时收集、整理和分析相关数据，充分了解和掌握自然资源的状况和变化趋势。

---

① 《中共广东省委 广东省人民政府印发〈关于建立国土空间规划体系并监督实施的若干措施〉》，广东省人民政府门户网站2021年4月20日。

▼三 完善生态保护补偿机制

广东生态文明建设治理的水平，不仅体现在政府做得怎么样，如环境治理体系的构建、自然资源的管控，而且体现在群众是否受益、受益程度如何，如生态保护的补偿、生态产品价值的实现（本节仅讨论生态保护补偿机制，第四节则探讨生态产品价值实现机制）。绿水青山就是金山银山，同时，保护绿水青山也应该是守护金山银山。生态保护补偿机制，为保护绿水青山提供正向激励机制，是实现人与自然和谐共生的重要举措。而中国的生态补偿机制最初是从林业开始实行的，广东是全国最早实施生态公益林效益补偿制度的省份，并于1999年开始施行《广东省生态公益林建设管理和效益补偿办法》。自践行生态补偿制度以来，广东就不断探索和改革生态保护补偿政策体系，并取得了一系列的成果，走在全国前列。作为排头兵，今后广东将通过不断加大生态保护补偿力度、探索多样化生态保护补偿方式以及完善生态保护补偿负面评价惩罚机制等，继续改革完善现有的生态保护补偿机制，为推进广东生态文明建设提供助力的同时，也为全国的生态保护补偿机制提供经验参考。

（一）加大生态保护补偿力度

加大生态保护补偿力度，是完善生态保护补偿机制的重要途径。党的十八大以来，随着生态文明建设的日益突出，生态保护补偿机制开始受到前所未有的重视。除了制度、机制的改革以外，生态保护补偿的力度也日益加大。广东积极响应党中央的部署，不断加大生态保护补偿力度，主要体现在拓宽生态保护补偿的领域和范围、适时调整生态保护补偿的标准等方面。

　　首先，拓宽生态保护补偿的领域和范围。1999年，广东实行公益林生态效益补偿制度，从此拉开了广东探索生态保护补偿机制的序幕。在这个过程中，除了对公益林生态效益补偿制度进行完善以外，广东还积极探索其他领域、其他行业的生态保护补偿机制，如永久基本农田保护经济补偿制度、休（禁）渔渔民生产生活补贴制度、湿地生态效益补偿制度、水环境生态补偿制度等。由此，生态保护补偿的领域逐渐由森林延伸到湿地、荒漠、海洋、水流、耕地等重要领域。除了重要领域外，广东还对"重点生态功能区，以及自然保护区、世界文化自然遗产、风景名胜区、森林公园和地质公园等禁止开发区域"①实施生态保护补偿政策。（见表5-2）随着生态保护补偿领域的不断拓宽，广东生态保护补偿所覆盖的范围也越来越广。如今，生态保护补偿的范围不再受限于行政区域，跨省、跨市、跨县、跨流域的生态保护补偿实践越来越成熟（见表5-3）。未来，广东应积极完善现有领域和区域的生态保护补偿机制，确保进一步细化落实，同时，对于一些应该建立生态保护补偿机制但尚未建立的领域和范围，应该积极探索实践。

表5-2　广东省生态补偿的相关政策文件（部分）

时间	发布单位	文件
2016年12月26日	广东省人民政府办公厅	《广东省人民政府办公厅关于健全生态保护补偿机制的实施意见》
2018年9月	广东省林业局、广东省财政厅	《广东省省级以上生态公益林分区域差异化补偿方案（2018—2020年）》
2019年1月25日	广东省林业局	《广东省省级生态公益林效益补偿资金管理办法》
2019年6月5日	广东省财政厅	《广东省生态保护区财政补偿转移支付办法》

---

① 《广东省人民政府办公厅关于健全生态保护补偿机制的实施意见》，广东省人民政府门户网站2016年12月30日。

（续表）

时间	发布单位	文件
2020年8月17日	广东省人民政府办公厅	《广东省生态环境损害赔偿工作办法（试行）》
2020年12月15日	广东省生态环境厅	《广东省水污染防治条例》
2021年11月18日	广东省林业局	《广东省林业局关于桉树改造生态补偿的实施意见》
2022年10月15日	广东省人民政府办公厅	《广东省建立健全生态产品价值实现机制的实施方案》
2023年6月6日	广东省林业局、广东省财政厅	《广东省先造林后补助管理办法》
2023年9月15日	广东省林业局	《广东省省级以上公益林结合森林质量分类差异化补偿方案（征求意见稿）》
2023年10月21日	广东省自然资源厅	《关于建立健全耕地保护补偿激励机制的意见（征求意见稿）》

表5-3 广东省跨省流域横向生态补偿机制的实践

时间	签订者	补偿协议
2015—2023年	广东省人民政府、广西壮族自治区人民政府	《九洲江流域上下游横向生态补偿协议》（三轮）
2016—2024年	广东省人民政府、江西省人民政府	《东江流域上下游横向生态补偿协议》（三轮）
2016—2021年	广东省人民政府、福建省人民政府	《汀江—韩江流域上下游横向生态补偿协议》（两轮）

其次，适时调整生态保护补偿的标准。生态保护补偿重要，合理的生态保护补偿的标准更重要。实行生态保护补偿，必然要有一定的标准，而且是合理的标准。没有合理的标准，生态保护补偿就是一团乱账。合理的生态保护补偿标准，应该是与经济社会发展状况相适应的。以广东省省级以上生态公益林效益补偿标准为例，广东省于1999年开始实行公益林生态效益补偿制度，当时规定"省财政对省核定的生态公益林按每年每亩2.5元

给予补偿"①。这个标准至今已有二十余年，在这二十余年里，广东省的经济社会发展状况发生了翻天覆地的变化。如果一直按照这个标准执行，那么就会让公益林生态效益补偿制度名存实亡。因此，为了更好地实行公益林生态效益补偿制度，广东省根据经济社会发展状况，数次对省级以上生态公益林效益补偿标准进行调整，2023年省级以上生态公益林效益补偿标准已为年均每亩45元。同时，合理的生态保护补偿标准，应该是分类分级的。生态保护补偿机制涉及的领域众多，那么生态保护补偿标准也应该分类制定，不可能所有领域都用同一套标准。即使是同一领域，标准也可能不同。以广东省省级以上生态公益林效益补偿标准为例，在早期，所有的生态公益林都采取同样的标准。2018年起，广东将全省省级以上生态公益林划分为特殊区域、一般区域和珠三角经济发达区域3种类型，并采取不同的补偿标准。（见图5-3）今后，广东将继续探索调整生态保护补偿标准，使其合乎领域特点、合乎经济社会发展状况、合乎人民利益。

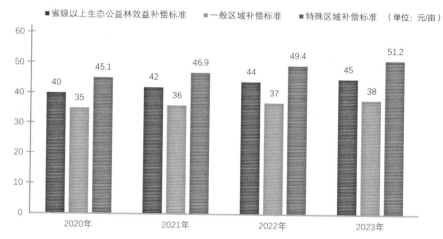

图5-3 2020—2023年广东省省级以上生态公益林效益补偿标准
数据来源：广东省财政厅网站（2021—2023）、广东省自然资源厅网站（2020）。

---

① 《广东省生态公益林建设管理和效益补偿办法》，广东省人民政府门户网站2022年8月2日。

（二）探索多样化生态补偿方式

开发与使用多元化生态补偿方式是推进我国生态文明建设的重要举措。近年来，广东积极响应国家对生态保护补偿的要求与号召，积极探索与尝试多样化生态补偿方式并取得显著成效。广东海丰鸟类省级自然保护区（以下简称海丰保护区）自建立以来，积极制定与落实生态保护补偿机制：一方面，采用直接补偿方式，如落实中央财政转移支付金、交通工程生态保护补偿金以及社会人士与团体捐赠等；另一方面，采用间接补偿方式，如科研机构的知识智力补偿，以此推动海丰保护区的生态保护与修复工程，同时促进原先有损生态链健康发展的水产养殖户转产转业。虽然这些举措对于完善生态保护补偿机制具有重要意义，但也存在着生态补偿方式相对单一、多元化机制尚未形成等问题亟须解决，这在一定程度上限制了生态保护补偿的可持续发展。因此，为建立更加科学完备的生态保护补偿机制，广东应进一步探索多样化生态补偿方式。

第一，资金型生态补偿方式，以货币形式补偿主体因保护环境而遭受的损失，包括资金转移支付、补偿金、减免税收等。结合广东各地保护区内与保护区外经济发展的具体要求，建立综合性的生态保护补偿资金使用模式，确保生态保护资金的针对性落实。同时要加强生态保护补偿效益评估，建立与完善补偿资金与补偿成效挂钩的资金补偿模式，达到对专项生态补偿资金的管理与监督，从而有效避免资金滥用与浪费。

第二，实物型生态补偿方式，为补偿对象提供生产和生活资料，使用物资、土地、劳动力等资源对被补偿者进行补偿，如为退耕还林的保护区居民提供粮食与食物，这一补偿方式能够有效提高物质资源的利用率。

第三，技术型生态补偿方式，为补偿对象提供智力服务和技术支持。结合广东各地生态资源丰富的优势，开展由政府主张、基层组织落实的生态产业相关技术培训，如生产技术培训、管理与组织技术培训、销售与服务技能培训等。为当地及附近居民提供一系列新生就业岗位，如对保护区内的居民可提供生态保护工作岗位，从而增强居民的创收能力和发展能力、提高居民的生活水平，为其享受高质量生活提供更加广阔的绿色空间，间接补偿居民因生态环境改造而遭受的损失，以更深远持久、更行之有效的方式为人民谋幸福。

第四，产业项目型生态补偿方式，通过产业项目的支持帮助补偿对象实现可行能力的提升，如政府对当地生态旅游开发项目的支持，以新兴绿色产业替代原有被改造产业。一方面，产业项目型生态补偿有效针对生态产业，对广东省持续深入推进生态文明建设具有显著意义；另一方面，产业项目型生态补偿以产业带动区域经济发展，能够带来社会进步与经济发展的双重效益。

以上四种生态补偿方式各有利弊，资金型补偿在具有相对大的灵活性的同时，对地区后续发展带动作用不大；实物型补偿虽物质使用率较高，形式却较为单一；技术型补偿有稳定、持续性强的优点，缺点则在于见效时间较长。针对不同地区的具体生态保护背景及情况，有的放矢地采取多样化生态补偿措施，方能进一步完善广东生态保护补偿机制。

（三）完善生态保护补偿评估与管理机制

作为实行生态保护补偿的先行者之一，早在2012年，广东就发布了《广东省生态保护补偿办法》，对生态保护补偿的对象、范围、分配办法等作了明确规定。自此以来，广东各地的重点生态功能区和禁止开发区的生态补偿相较以往更加有据可依，部分地市更进一步制定出市内区域之间的生态补偿办法。中山市生态补偿政策工作坚持"谁受益，谁补偿；谁保护，谁受偿"原则，生态环境的受益者需要承担补偿责任；珠海市制定了

《珠海市饮用水源保护区扶持激励办法》，明确建立饮用水源保护区扶持机制应遵循的基本原则，明晰扶持的范围、主体和对象，规定补贴的标准和发放方式以及补偿资金的使用和管理；廉江市还与广西签署了《九洲江流域上下游横向生态补偿协议》，通过跨省治水，共同维护九洲江流域生态环境安全。①但同时，有关生态保护补偿的评估与监管机制有待进一步完善。

首先，明晰生态保护补偿标准，加快制定生态评估办法。立法机构制定相应政策法规进行保障，以确定补偿的依据、补偿的客体、补偿的主体、补偿的标准、补偿的形式，建立资源共享、生态共保、经济共赢的生态补偿管理机制。对于补偿标准，要以当下经济情况为依据灵活做出调整，远远达不到生态区人民群众生活基本要求的，必须适度提高补偿标准，应该分级分类补偿，规范管理。同时，需完善生态价值评估制度，建立生态补偿价值评估审查制度，积极组织开展生态资源评估职业资格培训和认证工作。

其次，建立有权威性的生态补偿管理机构。就当前广东实际情况看，应以国家重点生态公益林效益补偿及水资源、矿产资源开发保护补偿为重点，对生态发展区用地实施政策倾斜，针对不同资源环境要素，由各主管部门提出具体规划方案并负责实施。应以不同的资源管理部门为核心，成立生态补偿管理委员会，统一平衡各方生态建设和环境保护的重大事项，改善各自为政的经济管理形式。

最后，强化生态补偿监管机制。将生态补偿纳入生态文明建设的日常监督和验收工作当中，加快建立生态资源数据库，加强生态环境信息的公开化，推动生态产业信息公开的制度化。在资金使用管理上政府要建立专

---

① 《"生态+文化"添翼　赋能旅游兴业》，《南方日报》2022年3月11日。

项资金，由相关行政部门统一管理支付，专款专用，对资金的收入、支出实施有效监控。广东省政府部门要引导形成多渠道的对话机制，大力推动生态保护补偿的深化实施，对只摄取、不养护的行为进行严厉打击，对不支付生态产品服务成本的个人或组织进行相应惩罚。

▼ 四 探索生态产品价值实现机制

生态产品价值实现机制是"将生态产品所具有的生态价值、经济价值和社会价值，通过生态保护补偿、市场经营开发等手段体现出来，建立生态环境保护者受益、使用者付费、破坏者赔偿的利益导向机制"[①]，是关乎社会、经济和生态和谐发展的重要举措，是生态文明建设的重要组成部分。党的十八大以来，广东积极响应党中央大力推进生态文明建设的号召，坚持以"绿水青山就是金山银山"的理念，进一步探索生态产品价值实现机制，取得了卓越的成效。

（一）生态产品价值实现机制的积极探索

近年来，为响应中共中央办公厅、国务院办公厅《关于建立健全生态产品价值实现机制的意见》，广东印发了《广东省生态文明建设"十四五"规划》《广东省海洋经济发展"十四五"规划》和《广东省建立健全生态产品价值实现机制的实施方案》等文件，提出生态产品价值实现机制的基本要求、重点任务和主要目标，为广东省内的生态产品价值实现机制探索提供了指引。为此，广东各地市县开始积极探索生态产品价值

---

① 《"十四五"规划〈纲要〉名词解释之174 | 生态产品价值实现机制》，国家发展和改革委员会网站2021年12月24日。

实现机制，并取得了较为丰硕的成果。这些积极探索大致包括以下几方面的经验。

第一，以多种模式推进生态产品价值实现机制的创新。通过多元主体组成的不同模式，推动生态产品的生产、销售和流通，增强生态产品的竞争力和市场份额，从而实现生态产业的可持续发展。例如，鹤山市宅梧镇白水带村党委牵头成立新型农村合作社，带领当地农户和公司合作，形成"公司+合作社+农户"经营管理新模式，不仅提供了60个制茶岗位，改善了当地就业状况，而且增加了农户经济收入，在2022年提高村集体经济收入18万元①；汕尾市陆河县做强联合发展，推广"家庭农场+合作社"多元生产供销模式，2021—2022两年内"新建村级供销合作社26家、创建省级标杆社5个、新增培育农民专业合作社30家、创建省级以上农民专业合作社18家、建设农业产业化联合体18个、建设特色农产品全产业链服务示范基地4个"②；云浮市自2021年以来强力推进生态环境工作，围绕当地生态优势为核心，构建"生态农业、绿色工业、生态旅游"产业体系，创新发展了"生态+文旅""生态+医药""生态+康养""生态+农业"等一系列新业态新模式③，从而推动产业结构的优化升级，不断满足人们对绿色、健康、文化日益增长的需求。

第二，通过多方联合，为生态产业提供更加灵活、多样化的金融支持，推动生态产品和绿色金融的相互促进和共同发展。譬如，广东金融学会绿色金融专业委员会开展了"绿美广东产融对接"入库项目，联合广州

---

① 《江门鹤山：探索生态产品价值实现路径——点叶成"金"托起致富路》，广东省自然资源厅网站2023年12月4日。

② 《打造农村"三位一体"新模式，陆河这样做》，南方Plus·广东头条新闻资讯平台2021年11月5日。

③ 《持续厚植高质量发展美丽云浮的生态底色——去年以来云浮市推进生态文明建设纪实》，云浮市生态环境局网站2022年6月7日。

碳排放权交易中心、金融中心、银行等各方签订了《关于建立绿色金融支持自然资源领域生态产品价值实现机制司法协作平台的合作协议》《绿色金融战略合作签约》和《粤港澳大湾区碳金融服务合作战略协议》等一系列绿色金融战略合作项目，共计81个入库项目，拟计划融资总额216.03亿元。①同时，广东加大对绿色贷款的支持力度，助推生态产业快速发展。据中国人民银行广东省分行数据显示，截至2023年9月底，广东绿色贷款余额达30316亿元，同比增长45.9%，增速较各项贷款高35个百分点；绿色贷款余额占各项贷款比重达11.3%，较上年同期提升2.7个百分点。②

　　第三，积极创建自然资源领域生态产品价值实现平台。广州碳排放权交易中心与广州市交通规划研究院合作共建生态产品价值实现平台（自然资源领域），提供生态产品开发、备案、登记、流转、注销、信息披露、宣传推广、融资对接等全流程服务③，为自然资源领域的生态产品开发和推广提供了重要的支持和服务。更为重要的是，广东在2013年就开始探索碳排放权交易，并于2015年7月在全国范围内率先启动碳普惠制试点，采用一种高度市场化的方式，通过多种创新机制推动碳排放交易的发展，取得显著的成果。据统计，广东在开展国家低碳省试点以来，超额完成国家下达的碳强度目标，十年累计下降超44%。其中，"十三五"前四年广东省碳强度累计下降20.1%，接近完成国家下达的下降20.5%的五年目标。在碳排放交易方面，截至2020年，广东碳排放配额累计成交量1.69亿吨，累计成交金额34.89亿元，占全国碳交易试点的38%，继续位居全国第一。④

---

① 《广东绿金委年会举行"绿美广东生态建设与金融支持"闭门研讨会，聚焦金融与林业深度融合》，《21世纪经济报道》2023年12月25日。

② 《广东绿色贷款余额突破三万亿元》，中国新闻网2023年11月13日。

③ 《广州启动自然资源领域生态产品价值实现平台》，《广州日报》2023年6月6日。

④ 《超额完成碳强度目标 广东低碳试点见成效》，广州市生态环境局网站2021年1月9日。

第四，生态产品价值核算创新探索。广东积极探索生态产品价值实现的新方法和指标体系，以更全面、准确地反映生态产品对经济、社会和生态环境的价值。比如，深圳在2021年3月宣布确立了全国首个完整的生态系统生产总值"1+3"GEP（生态系统生产总值）核算制度体系，其中包括一个方案（GEP核算实施方案）、一项标准（GEP核算地方标准）、一套报表（GEP核算统计报表制度）和一个平台（GEP自动核算平台）。该核算制度体系视城市生态系统为整体，定量核算生态系统的产出和效益，摒弃以往将GDP作为地区发展水平的唯一标准，将生态指数和GDP紧密地联系在一起，追求经济和生态的协同发展。①

（二）创新生态产品价值实现机制的可能路径

在探索生态产品价值实现机制的过程中，广东积累了一系列具有广东特色的成功经验，为全国提供典型案例和示范经验的同时，也面临着生态产品价值核算机制不够完善、生态产品融资机制较弱、生态产品交易平台建设有待加强，以及未能充分培育地方龙头企业和产业特色等问题和挑战。为此，或可从以下几方面推进生态产品价值实现机制的创新发展。

第一，进一步完善生态产品价值核算机制。虽然广东在国内最早开始探索城市GEP核算试点，但是生态产品价值核算机制还处于初步探索阶段，目前只有深圳市和汕尾市陆河县等完成GEP核算，而省内其他大部分地区还未进行GEP核算。因此，广东可以在全省范围内进一步深入开展和推广GEP核算机制，扩大GEP核算结果的应用范围。同时，加强与相关部门的协作，探索系统的核算体系和方法，共同完善核算指标和数据体系，提高核算的科学性和可比性。

---

① 《风向标！深圳发布全国首个GEP核算制度体系》，光明网2021年3月24日。

第二，强化生态产品融资机制，为生态产业提供更多的资金来源，提高生态产品的生产能力和市场竞争力，促进生态产业进一步发展。一是积极引导金融机构加大对生态产品的信贷支持力度，拓宽生态产品融资的渠道；二是建立专门的绿色信贷产品，提供低利率、长期贷款，以及配套的风险补偿机制，降低生态产品企业的融资成本和风险；三是设立生态产品金融机构，针对生态产品的特点，提供定制化的金融产品和服务，满足生态产业发展的资金需求；四是激励生态产品金融创新，支持金融机构和科技企业合作，探索利用区块链、大数据等新技术手段，构建符合生态产品特点的金融服务平台，提高金融服务效率和透明度。

第三，完善生态产品交易平台。近年来，广东致力于"推动生态产品交易平台建设，推进生态产品供给方与需求方、资源方与投资方高效对接"[1]。为实现平台各方的高效对接，广东或可从以下几方面推进生态产品交易平台的进一步构建：一是构建电子商务平台，为生态产品提供更加便捷、高效的交易服务，促进生态产品的流通和交易。同时，通过大数据等技术手段，提高交易信息的透明度，为生态产品交易提供安全的保障。二是平台要建立制定统一的生态产品交易标准，包括质量标准、认证要求、品牌标识等，确保生态产品的质量和安全性，提高消费者对生态产品的信任度。

第四，培育地方龙头企业和特色产业。广东在"探索政府主导、企业和社会各界参与、市场化运作、可持续发展的生态产品价值实现路径"[2]的过程中，要注重发挥政府的主导作用，根据各地实际情况培育龙头企业

---

① 《广东省人民政府关于印发广东省生态文明建设"十四五"规划的通知》，广东省人民政府网站2021年10月29日。
② 《广东省人民政府关于印发广东省生态文明建设"十四五"规划的通知》，广东省人民政府网站2021年10月29日。

和特色产业，充分发挥广东各地生态产品优势，提升地方品牌形象和知名度，增加当地就业机会和经济收益。一是深度挖掘当地特色产业，打造特色品牌，可以通过组织展会、文化交流等活动，宣传当地的生态产品和特色产业，提升其知名度和美誉度。二是构建产业集群。政府引导、支持企业与当地农户展开合作，形成以生态产品为核心的产业集群，促进企业间的相互配合和优势互补，提高整个产业集群的市场竞争力。同时，政府还可以为企业提供场地、资金等支持，帮助其开拓市场和扩大规模。三是加强人才培养。当地政府可以加强对生态产品人才的培养和引进，建立人才培养体系，推动产学研相结合。

第六章

强化广东生态文明建设组织保障

CHAPTER6

推进广东生态文明建设，不仅要提升广东生态文明建设的治理水平，还要不断强化广东生态文明建设的组织保障。离开组织保障，广东生态文明建设就会落空。而强有力的组织保障，则会大力推进广东生态文明建设落地落实。为推进广东生态文明建设，打造人与自然和谐共生的绿美"广东样板"，需以党的领导为核心，以政策引导为抓手，以科技创新为动力，以宣传引导为支撑，提供一个强有力的组织保障。

一　以党的领导为核心

"党政军民学，东西南北中，党是领导一切的。"中国共产党是中国特色社会主义事业的领导核心，统筹推进广东生态文明建设，必须以党的领导为核心，以"党建红"引领"生态绿"，把党的领导贯穿广东生态文明建设全过程各方面。首先，强化政治引领，让党建成为广东生态文明建设的"方向盘"，引领广东生态文明建设稳步前进；其次，搭建服务平台，在广东生态文明建设中充分发挥基层党组织的战斗堡垒作用；最后，加强多方联动，共同发力，协同推进广东生态文明建设。

（一）强化政治引领

实践证明，"办好中国的事情，关键在党"，坚持党的领导，是我们取得一切成功的根本保证。广东生态文明建设作为广东现代化建设事业的重要组成部分，也离不开党的领导；离开了党的领导，广东生态文明建设就难以有效推进。扎实推进广东生态文明建设，关键在党。因此，必须坚持党的领导。在党的领导下，心往一处想，劲往一处使，共同推动广东生态文明建设落地见效。

首先，始终把旗帜鲜明讲政治作为首位要求。政治性是方向性、道路性的问题，具有根本性和原则性，是政党的第一属性。因此，任何时候，都要把政治性摆在首位，旗帜鲜明讲政治是我们党作为马克思主义政党的根本要求。广东作为改革开放的前沿阵地，作为意识形态斗争的前沿阵地，旗帜鲜明讲政治的重要性与必要性是不言而喻的。党的十八大以来，广东始终坚持党的领导，坚持以习近平新时代中国特色社会主义思想为指导，自觉拥护"两个确立"、坚决做到"两个维护"，把"两个确立""两个维护"落实到实际行动上，落实到广东建设的方方面面。2020年，中共广东省委制定出台了《关于建立健全坚决落实"两个维护"十项制度机制的意见》，从制度机制层面确保了"两个维护"在广东落地落细落实。"党的政治建设是党的根本性建设，决定党的建设方向和效果"[①]，今后，广东始终把党的政治建设摆在首位不动摇，继续深入学习贯彻党的二十大精神和习近平生态文明思想，认真贯彻落实习近平总书记在全国生态环境保护大会上的重要讲话和视察广东重要讲话、重要指示精神，为统筹推进广东生态文明建设提供正确的政治方向。

其次，提高对广东生态文明建设尤其是绿美广东生态建设的思想认识。党的十八大以来，以习近平同志为核心的党中央高度重视生态文明建设，将生态文明建设纳入中国特色社会主义事业"五位一体"的总体布局，并提出了"富强民主文明和谐美丽的社会主义现代化强国"的现代化建设目标。党中央的高度重视，激起了全国各地进行生态文明建设的新浪潮，我国的生态文明建设获得空前发展。广东积极响应党中央号召，积极

---

① 《中共中央关于加强党的政治建设的意见》，人民出版社2019年版，第2页。

推进广东生态文明建设，将生态文明建设融入全省改革发展全过程各领域，使全省生态环境品质持续向好。如今，我国的生态文明建设迈入新阶段，提出了更高的要求——不仅要"绿"，更要"美"，不仅是"量"的发展，更要"质"的提升。为此，广东提出了"绿美广东生态建设"总任务，以此为牵引全面推进广东生态文明建设，奋力打造人与自然和谐共生的中国式现代化"广东样板"。思想是行动的先导，为提高全省对绿美广东生态建设的思想认识，广东制定出台了《中共广东省委关于深入推进绿美广东生态建设的决定》《关于在绿美广东生态建设中充分发挥基层党组织战斗堡垒作用和广大党员先锋模范作用的通知》等文件，召开了"广东省生态环境保护大会暨绿美广东生态建设工作会议"，开展了"21市同心聚力，共建绿美广东"的主题宣传活动。通过一系列的举措，人们从思想上和行动上重视绿美广东生态建设、重视广东生态文明建设（见表6-1）。

表6-1　2023年绿美广东生态建设主题学习活动（部分）

时间	主办方	主题活动
2023年2月	清远市	2023年度林长制暨绿美清远生态建设业务培训班
2023年2月	河源市	市委理论学习中心组（扩大）专题学习会暨绿美河源建设专题培训班
2023年4月	广东省林业局	"深入推进绿美广东生态建设"专题辅导课
2023年5月	潮州市	绿美潮安生态建设业务培训班
2023年7月	惠州市惠东县	绿美广东生态建设专题知识培训班
2023年7月	佛山市顺德区	"学习贯彻习近平生态文明思想 推进绿美顺德生态建设"专题培训班
2023年9月	广东省人大常委会	全省人大绿美广东生态建设专题培训班

最后，合力推进广东生态文明建设尤其是绿美广东生态建设落地见效。"加强思想教育和理论武装，是党内政治生活的首要任务，是保证全

党步调一致的前提"[①]，只有思想上的高度统一，才有意志上的一致和行动上的协调。生态文明建设不仅仅是党中央的决策与部署，不只是与省委、省政府相关，更依赖于每个地方党委、政府的执行与落实；不仅仅是生态环境部门的环境保护职责，更是与经济建设密不可分；不仅仅是政府部门的分内之事，更是与每个企业、每个人的切身利益息息相关。党的十八大以来，在广东省委、省政府的领导下，各地市积极响应，并动员多方主体参与到生态文明建设中来，取得了一系列的成果。截至2022年底，广东已成功创建8个国家生态文明建设示范市、20个国家生态文明建设示范县、7个"绿水青山就是金山银山"实践创新基地。[②]而作为广东生态文明建设的最新部署，"绿美广东生态建设"的提出又掀起了新的浪潮。当前，绿美广东生态建设仍处于起步阶段，仍需全省上下齐心，形成合力，推动绿美广东生态建设稳步向前，为"美丽中国"贡献广东经验。

（二）搭建服务平台

"欲筑室者，先治其基"，中国共产党是世界上最大的政党，党组织的规模也是极其庞大的，而"党的基层组织是确保党的路线方针政策和决策部署贯彻落实的基础"[③]，是党联系群众、服务群众的"最后一公里"。在推进广东生态文明建设的过程中，不仅要充分发挥党的政治引领作用，还要充分发挥基层党组织的战斗堡垒作用。推进广东生态文明建设，关键要看基层党组织的凝聚力、战斗力与服务力。因此，要搭建服务平台，畅通基层党组织与群众沟通的桥梁，充分发挥基层党组织的战斗堡垒作用。

---

① 《习近平关于"不忘初心、牢记使命"论述摘编》，党建读物出版社、中央文献出版社2019年版，第83页。

② 《让绿色成为高质量发展鲜明底色》，《南方日报》2023年4月11日。

③ 《习近平著作选读》第2卷，人民出版社2023年版，第53页。

首先，确保组织有效覆盖。"打铁还需自身硬"[①]，要充分发挥基层党组织的战斗堡垒作用，就必须"扩大基层党的组织覆盖和工作覆盖"[②]，切实做到"党员、群众在哪里，党组织、党建就在哪里"。数据显示，截至2021年底，广东共有基层党组织314163个，其中基层党委17893个、党总支部20091个、党支部276179个，党员总数5753193人，党员与党组织的规模是极其庞大的。[③]为提升基层党组织和党员干部的战斗力，广东制定出台了《广东省加强党的基层组织建设三年行动计划（2018—2020年）》和《广东省加强党的基层组织建设三年行动计划（2021—2023年）》。通过主题专项行动，广东不断织密织强党的基层组织体系，强化党建引领，变有形覆盖为有效覆盖，不断提升基层治理效能。（见表6-2）"人们自己创造自己的历史，但是他们并不是随心所欲地创造，并不是在他们自己选定的条件下创造，而是在直接碰到的、既定的、从过去承继下来的条件下创造。"[④]推进广东生态文明建设，不是在一穷二白的基础上进行的，不是凭空建设的，而是依赖于现有的党组织基于现实条件的强有力引领。因此，要充分发挥好现有的党组织体系和基层党建工作机制，如农村的三级党建网格工作机制、城市的街道"大工委"+社区"大党委"工作机制等。同时，不断加强党在新兴领域和行业的领导，如完善行业党建、区域党建、"两新"组织（新经济组织和新社会组织）党建等，不断提升党的引领力、凝聚力和影响力。通过有形覆盖与有效覆盖相统一的党组织，不断推动广东生态文明建设由宏观到微观、由抽象到具体、由表面到深入，融入日常生活的方方面面。

---

① 《习近平谈治国理政》第1卷，外文出版社2018年版，第4页。
② 习近平：《在全国组织工作会议上的讲话》，人民出版社2018年版，第14页。
③ 数据来源：《广东年鉴（2022）》，广东统计信息网。
④ 《马克思恩格斯文集》第2卷，人民出版社2009年版，第470—471页。

表6-2 广东省两轮基层党建三年行动计划主题

时间	主题
2018年	规范化建设
2019年	组织力提升
2020年	基层党建全面进步全面过硬
2021年	完善组织体系开启新征程
2022年	提升党建引领基层治理效能
2023年	高质量党建推动高质量发展

资料来源:《广东省加强党的基层组织建设三年行动计划(2018—2020年)》《广东省加强党的基层组织建设三年行动计划(2021—2023年)》。

其次,加强人才队伍建设。要充分发挥基层党组织的战斗堡垒作用,就要把基层党组织打造成攻防兼备的战斗堡垒,既依赖于基础建设,更依赖于人才。"治国经邦,人才为急",党组织自身的建设需要人才,推进基层治理,也需要人才,基层党建,人才是关键。人才犹如汽油,没有汽油、汽油不足、汽油不纯,都不能充分发挥汽车的性能。广东历来重视人才队伍建设,始终坚持党管人才原则,不断探索、创新人才培养体制机制,如2018年实施"头雁工程"、2019年实施"广东技工工程"、2021年实施"人才强省建设五大工程"等。同时,广东也注重吸纳优秀人才入党,选拔优秀人才到党的基层组织中来,如2021年,广东完成了村(社区)"两委"换届工作,"新一届村(社区)党组织书记平均年龄比上届下降2.3岁,大专以上学历人员提高25.2个百分点"[1],推动党员干部年轻化、知识化、素质化,提高基层党组织的战斗力。因此,在推进广东生态文明建设的过程中,要注重人才队伍建设,既要充分吸纳党内和党外、

① 数据来源:《广东年鉴(2022)》,广东统计信息网。

国内和国外各方面的优秀人才到基层，如实施积极、开放、有效的人才政策，"引""育""用""留"并举，又要加强对优秀人才的思想政治引领，把优秀人才集聚到广东生态文明建设上来，"智"撑广东生态文明建设。

最后，提升服务群众的能力。全心全意为人民服务是党的根本宗旨，充分发挥基层党组织的战斗堡垒作用，就是要经常联系群众、服务群众、团结群众。在推进广东生态文明建设的过程中，要经常联系群众，及时向群众宣传、传达广东生态文明建设的政策、主题活动、阶段性成果等信息，推动广东生态文明建设进社区、进农村、进校园、进企业，引导广大群众积极参与到广东生态文明建设中来。"人民是中国式现代化的主体"，推进广东生态文明建设，"必须紧紧依靠人民，尊重人民创造精神，汇集全体人民的智慧和力量"①，才能推动广东生态文明建设不断向前发展。同时，要服务群众，了解群众对广东生态文明建设的需求，从群众切身利益出发，制定切实可行的符合群众利益的具有地方、行业特色的广东生态文明建设方案；要团结群众，使大家心往一处想，劲往一处使，助力广东生态文明建设。绿美广东生态建设，作为广东生态文明建设的最新部署和广东现代化建设的重要布局，是检验广东基层党组织战斗力、检验广东基层党建成效的试金石和磨刀石。要以伟大的自我革命不断推进基层党组织的自我净化、自我完善、自我革新、自我提高，以高质量党建引领高质量的广东生态文明建设，尤其是绿美广东生态建设。

（三）加强多方联动

推进广东生态文明建设是一项庞大的系统工程，涉及的部门、环节、

---

① 《中国式现代化是中国共产党领导的社会主义现代化》，《人民日报》2023年6月1日。

领域、行政区域、主体众多，不是单个部门一下子就能完成的项目，往往牵一发而动全身，而"系统观念是具有基础性的思想和工作方法"①，因此，推进广东生态文明建设，尤其是绿美广东生态建设，要始终坚持系统观念。在党的领导下，正确处理"重点攻坚和协同治理的关系"，"强化目标协同、多污染物控制协同、部门协同、区域协同、政策协同，不断增强各项工作的系统性、整体性、协同性"②，做到统筹兼顾、系统谋划、整体推进，从而形成分工协作、齐抓共管的工作格局。

首先，健全联动协作机制。推进广东生态文明建设是复杂的系统工程，在实践的过程中，往往需要不同的部门、层级、区域合作。但跨部门、跨层级、跨区域的合作并不是一件简单的事，如果缺乏相应的规章制度，广东生态文明建设就难以推进。因此，为了减少障碍、规范行动，必须制定相应的政策和制度，为推动联动协作提供制度保障。通过建立健全联动协作机制，加强主体间的沟通交流，做到目标清晰、职责明确、政令畅通、奖罚分明。目前，广东已实行众多跨部门、跨区域、跨层级的协作机制，如"流域统筹+区域协调"的河湖长制工作机制、"林长+"协作机制、省市县三级打击野生动植物非法贸易部门间联席会议制度等。（见表6-3）但在实施的过程中，协作各方仍需加强沟通交流，增强协作意识，以积极的态度响应联动协作机制，推动共治共管常态化。通过实施联动协作机制，充分发挥各方的优势，促进优势互补、互惠共赢，达到"1+1>2"的效果，进一步提高广东生态文明建设的质量和效率。

---

① 《关于〈中共中央关于制定国民经济和社会发展第十四个五年规划和二〇三五年远景目标的建议〉的说明》，《人民日报》2020年11月4日。

② 《全面推进美丽中国建设　加快推进人与自然和谐共生的现代化》，《人民日报》2023年7月19日。

表6-3　2023年广东生态文明建设相关的联动协作机制（部分）

时间	主体	协作机制
2023年2月23日	广东、福建、江西、湖南四省检察机关	粤闽赣毗邻区域生态环境公益诉讼省际协作机制、北江中上游流域生态环境公益诉讼省际协作机制
2023年6月21日	珠海市斗门区人民检察院、江门市新会区人民检察院联同两地生态环境部门、自然资源部门、农业农村部门、水务部门及属地镇政府	守护虎跳门、崖门水道生态环境和自然资源工作协作机制
2023年6月26日	广州、深圳、韶关、河源、惠州、东莞六地中级人民法院	东江流域司法保护协作机制
2023年7月11日	广东省连山壮族瑶族自治县人民检察院与湖南省永州市江华瑶族自治县人民检察院	长江流域湘江源生态环境和资源保护公益诉讼协作机制
2023年8月8日	广东梅州中院、广东潮州中院、广东汕头中院、福建龙岩中院、江西赣州中院	韩江流域和粤闽赣三省边界环境资源司法保护协作机制
2023年8月11日	广东、广西、贵州、云南四省（区）法院	珠江流域（西江）环境资源司法保护协作机制
2023年9月12日	广东茂名、湛江、阳江、云浮，广西梧州、玉林6个市中院、检察院	云开山环境资源司法保护协作机制
2023年9月25日	广东省林长办、广东省林业局联合广东省高级人民法院、广东省人民检察院、广东省公安厅	"林长+森林法官""林长+检察长""林长+警长"协作机制

　　其次，畅通信息共享机制。政策制定是否科学，与信息畅通息息相关，信息是否全面、是否准确、是否有效，都会影响政策制定的科学性。广东生态文明建设，不仅仅是理论层面的，而且是实践层面的，实践的区域可大可小，小到一个社区或一个村的行动，大到一个省的规划，都离不开该区域的信息数据。离开了信息数据，行动决策就具有盲目性，往往走向失败或者增添无谓的损失。因此，为了系统规划广东生态文明建设，增加决策、方案的可行性与科学性，了解广东生态文明建设的进程，建立统

一的共建共享的信息平台是有必要的。目前，广东省人民政府官方网站已开辟"绿美广东 和谐共生"专栏，涵盖"广东部署""各地行动""大家谈"等板块；广东省生态环境厅网站也开辟"信息公开""政务服务""互动交流""环境质量""环境数据""法规标准"等板块；在"粤省事"和"粤商通"平台均设立了生态环境服务专区，并组织建设了广东省"三线一单"应用平台等。但部分区域、行业、部门的信息壁垒仍有待打破，信息资源共建共享的意识仍需进一步增强，信息数据尚未得到充分利用。通过畅通信息共享机制，不仅可以打破信息壁垒、整合信息资源，还可以增强对信息数据的有效运用，使信息数据为广东生态文明建设服务，提高广东生态文明建设的科学性与效率。但同时，在这个过程中，要加强对信息数据的保护与监管，使信息数据的使用制度化、规范化、法治化。

最后，强化协作机制的执行。联动协作机制对于推进需要多方合作的工作是极其有利的，尤其是广东生态文明建设这种具有长期性、复杂性的系统工程。因此，为了更好地推进广东生态文明建设，无论是省，还是市，甚至是区、镇都出台了若干关于联动协作的方案或意见。但出台文件并不是终点，而是开始，多方联动协作的效果最终还是要落实到实践、行动、执行上。正确的决策还需优秀的执行配合，不然就是一纸空文。推进广东生态文明建设，事关广东现代化建设、事关群众的幸福生活，因此，各级政府、各政府部门要树立大局意识和全局观念，积极配合对方的行动，形成工作合力，积极推进广东生态文明建设。同时，加强对执行协作的考核、评价，及时总结联合行动过程中遇到的问题，对配合意识不强、执行力不强的行为进行整改。当前，"林长+"协作机制在实践中取得了较好的效果，形成了"林长+警长""林长+检察长""林长+法院院长"等模式，为生态文明建设联动协作机制的执行与实践提供了一定的经验。

今后，广东仍需加强联动协作机制的执行与实践，不断总结经验，提升执行力度，为推进生态文明建设提供更好的服务。

 二 以政策引导为抓手

生态文明建设是国家现代化建设的重要组成部分，广东积极贯彻落实中央部署，将生态文明建设摆在全局工作的突出位置，并取得了一系列成果。而绿美广东生态建设的提出，意味着广东生态文明建设步入了新阶段，不仅只是要求外在的绿色美丽的生态环境，更重要的是要实现经济生态化和生态经济化，"走出一条经济发展和生态文明水平提高相辅相成、相得益彰的路子"①。但是，市场是具有自发性的，要实现经济生态化和生态经济化，就得依靠政策引导，发挥政策杠杆的最大撬动力，为广东生态文明建设、绿美广东生态建设打造良好的营商环境，激发主体活力。

（一）完善财政优先保障机制

兵马未动，粮草先行。广东生态文明建设，具有长期性、复杂性和系统性，推进广东生态文明建设，需要庞大的资源与资金。资金充足，生态文明建设的各项政策、措施就能顺利实施，如生态环境的保护与修复、引导经济绿色发展等；没有充足的资金，广东生态文明建设就难以推进。财政是广东生态文明建设的重要资金来源，财政政策是推进广东生态文明建设的重要保障。但财政资金是有限的，要善用财政资金，积极发挥财政资金的引导作用，以有限的资金创造无限的活力。通过完善财政优先保障机

① 《祝全国各族人民健康快乐吉祥　祝改革发展人民生活蒸蒸日上》，《人民日报》2016年2月4日。

制，将生态文明建设摆在重要位置优先保障，为广东生态文明建设提供资金保障。

一是积极争取中央财政资金。党的十八大以来，党中央高度重视生态文明建设，每年用于生态文明建设的财政资金也日益增长，充分展现了党中央对生态文明建设的重视与决心。2023年，即使经济下行压力大、财政资金紧张，但用于生态文明建设的专项资金不仅没有缩减，反而有了进一步的增加。（见表6-4）这为推进生态文明建设打了一剂强心针，体现了国家对生态文明建设一如既往的重视与支持，为地方推进生态文明建设提供了信心与底气。与中央财政相比，地方财政是极为有限的，因此，推进广东生态文明建设，除了要依赖广东自身的财政支持，还要积极争取中央财政的支持。要高度重视中央资金的项目申报工作，不能因为怕麻烦、怕做无用功而置之不理，要鼓励、支持和指导符合条件的项目积极申报，如申报国家特殊及珍稀林木培育、木材战略储备基地、国家重要生态系统保护和修复重大工程等中央资金，为广东生态文明建设提供充足的财政资金，进一步减轻地方财政压力。

表6-4 中央财政部2023年生态环保相关资金预算（部分）

时间	名称	总金额（万元）	广东省资金分配数（万元）
2022年11月8日	水污染防治资金预算	1700000	42417
2022年11月8日	大气污染防治资金预算	2101079	14046
2022年11月8日	土壤污染防治资金预算	308000	11614
2022年11月8日	农村环境整治资金预算	200000	15523
2022年11月8日	农村黑臭水体治理试点资金预算	112500	10000（中山市）
2022年11月9日	重点生态功能区转移支付预算	8838400	129300（不含深圳市）
2022年11月9日	农业资源及生态保护补助资金	3146086	16979（不含深圳市）

（续表）

时间	名称	总金额（万元）	广东省资金分配数（万元）
2022年11月14日	城市管网及污水处理补助资金预算	1055000	60000（广州20000、汕头20000、中山20000）
2022年11月14日	节能减排补助资金	1899346	184482（不含深圳市）

数据来源：中华人民共和国财政部网站。

二是加大省级财政资金统筹保障力度。除了要积极争取中央的财政支持以外，省级财政补助也是广东生态文明建设的重要资金来源。广东作为我国经济的第一大省、强省，具有雄厚的经济实力。同时，广东积极响应党中央生态文明建设的号召，将生态文明建设摆在全局工作突出位置，在财政上也给予优先保障与大力支持。2021年，广东省人民政府出台《关于加强统筹进一步深化预算管理制度改革的实施意见》，建立大事要事保障机制，将落实党中央、国务院重大决策部署作为预算安排的首要任务。而"绿美广东生态建设是广东生态文明建设的战略牵引，也是关系广东长远发展和民生福祉的重要工程"，其重要性在省财政报告中也有所体现。在2023年省财政预算报告中，广东安排258.36亿元分别用于"支持实施绿美广东大行动""统筹水环境、水生态治理""生态保护补偿转移支付""支持新能源汽车应用推广"等行动。另外，广东省财政厅还出台了《关于绿美广东生态建设的省财政支持政策》专项文件，为推进绿美广东生态建设提供财政支持。目前，绿美广东生态建设的资金大多来自省级财政补助，资金的来源是比较局限的，仍需进一步拓宽资金来源渠道。

三是加大对市县统筹现有资金支持生态文明建设，尤其是绿美广东生态建设的指导力度，并做好各项资金使用监管。市县的财政是十分有限的，尤其是非珠三角地区，地方经济比较落后。因此，广东省政府要加大对市县统筹现有资金支持生态文明建设，尤其是绿美广东生态建设的指导力度，要严格把控财政预算，将财政资金花在关键地方。各地方也要勇于开拓绿美广东生态建设资金的筹措渠道，积极主动申请中央、省级的生态环境领域重大项目资金及政策支持，增加地方生态文明建设的资金来源。如2022年，中山市成功申报中央黑臭水体治理试点，获2亿元中央财政资金支持。除了要积极争取来自上级的财政资金支持以外，还要加强对专项资金的监管，避免专项资金被滥用、乱用，确保每一分钱都用在生态文明建设上。

（二）健全绿色金融政策体系

财政与金融，是经济社会发展的两大支柱，二者密不可分，是相互依存、彼此依赖的。财政资金是有限的，推进广东生态文明建设，仅仅依靠财政，是不可能的，也是不现实的。因此，推进广东生态文明建设，除了要善于利用财政这一工具以外，还要提高对金融这一工具的利用，打好"财政+金融"的组合拳。而绿色金融，作为传统金融在新时代的新发展，对经济绿色发展具有重要的推动力量。通过健全绿色金融政策体系，既能为广东生态文明建设提供更丰富、更好的产品与服务，又能推动经济生态化与生态经济化，促进广东生态文明建设高质量发展。

一是生态优先，重点倾斜绿色发展领域。广东毗邻港澳，背靠粤港澳金融市场。2017年，广州获批成为全国首批绿色金融改革创新试验区。同年，《深化粤港澳合作 推进大湾区建设框架协议》成功签署，粤港澳大湾区建设开始。（见图6-1）在此背景下，广东具有得天独厚的金融优势支持、鼓励金融尤其是绿色金融的发展。为此，广东陆续出台了《关于贯彻落实金融支持粤港澳大湾区建设意见的实施方案》（2020）、《广东省发展绿色金融支持碳达峰行动的实施方案》（2022）、《关于贯彻落实金融支持横琴粤澳深度合作区建设意见的实施方案》（2023）等文件以支持绿色金融的发展。与传统金融相比，绿色金融除了具有金融的一般特质与功能以外，其服务对象还与传统金融有很大区别。绿色金融秉持着绿色发展理念，主要服务绿色产业，更加注重环境保护和社会责任。因此，推进绿美广东生态建设，要积极发挥广东拥有广阔金融市场，尤其是绿色金融改革创新试验区的优势，善于利用和发展金融尤其是绿色金融。通过秉持生态优先的原则、绿色发展的理念，注重发挥绿色金融的引导作用，既要支持绿色技术创新与绿色产业发展，也要推动传统产业绿色转型。

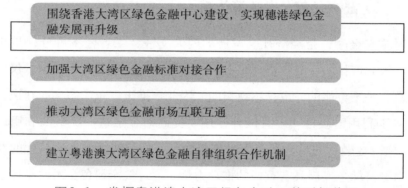

图6-1　发挥粤港澳大湾区绿色金融示范引领作用
资料来源：《关于促进广州绿色金融改革创新发展的实施意见》（2019）。

　　二是因地制宜，提供绿色金融产品和服务。近几年来，广东的绿色金融改革创新一直位居全国前列，开创了多个全国"首单"的绿色金融产品和服务，如全国首批碳中和债、全国首单挂钩碳市场履约债券、全国首支碳中和乡村振兴绿色中期票据等。广东是具有创新绿色金融产品和服务的能力与条件的，而推进绿美广东生态建设，对于广东的绿色金融来说，既是机遇，也是挑战。各级政府要出台相关文件和政策，如《广东省发展绿色金融支持碳达峰行动的实施方案》（2022）、《2023年广东金融支持经济高质量发展行动方案》等，鼓励、支持和引导金融机构大力发展绿色金融，不断创新绿色金融产品和服务，对于一些比较优秀的金融产品和服务，要及时给予奖励与肯定。目前，绿色金融的产品和服务主要集中在绿色信贷、绿色债券、绿色基金、绿色保险等领域，金融机构要抓住机遇，大胆探索、开发绿色金融的新模式、新产品和新服务，不断优化和丰富产品和服务供给。（见图6-2）在探索、开发绿色金融的新模式、新产品和新服务时，要注意立足现实，结合当地的实际情况，打造具有地方特色、行业特色、产业特色的金融产品和服务，助力绿水青山变为金山银山。

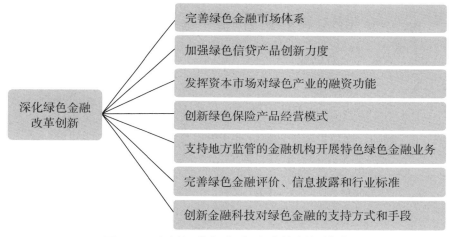

图6-2 广州深化绿色金融改革创新措施
资料来源：《关于促进广州绿色金融改革创新发展的实施意见》（2019）。

三是加强监管，打造良好的绿色金融市场。金融是把双刃剑，我们要充分发挥金融的积极力量，降低金融的消极影响。当前，绿色金融作为一种新兴的金融模式，具有巨大的发展潜力，应给予大力的支持。但同时，我国的绿色金融正处于起步阶段，仍缺乏有效的监管体系，长此以往，将影响绿色金融的健康发展。因此，要加强对绿色金融的监管，打造良好的绿色金融市场，通过提供优质的金融产品和服务，助力广东生态文明建设。通过建立内外部监管机制，构建强有力的监管体系，让有效的监管贯穿绿色金融产品和服务的事前、事中、事后全过程。事前，要加强对申报项目的资料审核，确保具备申报资质以及资料的完整性、准确性，降低"洗绿"风险。事中，要积极提供合适的金融产品和服务，满足客户的真实需求。事后，要加强对绿色金融产品资金的后续使用管理，防止专项资金被违规挪用、滥用。同时，要不断完善绿色金融法律法规，既能为绿色金融市场的正常运转提供制度保障，又能打击绿色金融违法犯罪行为，提升绿色金融市场的规范化、法治化水平。

（三）优化社会资本参与机制

除了财政和金融以外，社会资本也是推进广东生态文明建设的重要支撑力量。通过引入社会资本，不仅可以减轻政府财政压力，而且可以激发广东生态文明建设的活力。因此，推进广东生态文明建设，要优化社会资本参与机制，鼓励、支持更多的社会资本积极投身到广东生态文明建设上来。

一是鼓励支持社会资本参与广东生态文明建设。广东生态文明建设，是一项涉及领域众多，需要动员广泛社会力量、资源参与的系统工程。无论是国家还是广东，都积极欢迎、鼓励、支持社会资本投身生态文明建设，肩负起社会责任，为生态文明建设贡献自己的力量。党的十八大以来，国家陆续出台了相关文件和政策，鼓励社会资本参与到生态文明建设中来，如《国务院办公厅关于鼓励和支持社会资本参与生态保护修复的意见》（2021）等。广东出台了《中共广东省委关于深入推进绿美广东生态建设的决定》（2023）、《广东省森林保护管理条例》（2023）、《广东省先造林后补助管理办法》（2023）、《广东省人民政府办公厅关于鼓励和支持社会资本参与生态保护修复的实施意见》（2023）等政策法规，明确鼓励和支持社会资本参与绿美广东生态建设。（见图6-3）为了鼓励和支持社会资本参与绿美广东生态建设，还出台了相应的激励政策，如先造后补、贷款贴息、税费减免、风险补偿、以奖代补等扶持政策，充分调动社会资本的积极性（见图6-4）。

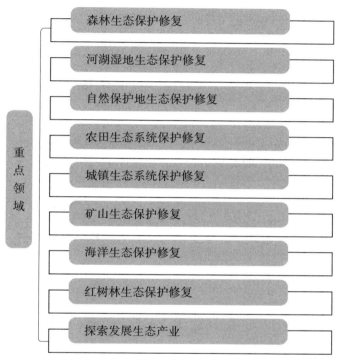

图6-3 鼓励和支持社会资本参与生态保护修复的重点领域
资料来源：《广东省人民政府办公厅关于鼓励和支持社会资本参与生态保护修复的实施意见》（2023）。

图6-4 鼓励和支持社会资本参与生态保护修复的支持政策
资料来源：《广东省人民政府办公厅关于鼓励和支持社会资本参与生态保护修复的实施意见》（2023）。

二是探索社会资本参与广东生态文明建设的模式。既然允许社会资本参与到绿美广东生态建设中来，那么社会资本如何参与才能充分发挥自己的力量与优势呢？这需要政府引导社会资本进行大胆探索创新。在大胆探索创新的同时，必须始终坚持实事求是原则和合作共赢理念。坚持实事求是原则，即是在选取参与模式时，既要充分吸收、借鉴以往的优秀模式，又要与项目、地方、行业、产业的具体实际相结合，选择最符合当地需求的、最具可行性的参与模式。秉持合作共赢的理念，即既要满足广东生态文明建设的需求，也要符合社会资本自身的利益，不能顾此失彼。如果只满足其中一方的利益，而忽视了另一方的需求，那么就会失去让社会资本参与其中的效果与意义。目前，广东在"先造后补"造林新机制方面，推动社会资本以"优良乡土阔叶树种"模式、"珍贵树种"模式或"珍贵树种+"模式参与国土绿化。而更多项目、更多领域的参与模式，仍需政府与社会资本共同探索实践。

三是加强对社会资本参与广东生态文明建设的监管。资本，是具有逐利性的，"一旦有适当的利润，资本就胆大起来。如果有10%的利润，它就保证到处被使用；有20%的利润，它就活跃起来；有50%的利润，它就铤而走险；为了100%的利润，它就敢践踏一切人间法律；有300%的利润，它就敢犯任何罪行，甚至冒绞首的危险。"①鼓励、支持社会资本参与广东生态文明建设，是为了充分发挥社会资本积极的一面，而社会资本的消极影响，应该尽量降低或避免。因此，要不断完善社会资本参与机制，通过制定相应的规章制度、法律法规，加强对社会资本的监督。加强监管，是提高运用社会资本推进广东生态文明建设效率的有效措施。对社会资本的监督，应该贯穿引入、使用、退出全过程。尤其是要加强对社会

---

① 《资本论（纪念版）》第1卷，人民出版社2018年版，第871页。

资本参与效果的评价与监管，不能让社会资本钻空子套利，充分享受了政策红利，却并没有发挥自身的作用。

▼三　以科技创新为动力

"科技创新是核心，抓住了科技创新就抓住了牵动我国发展全局的'牛鼻子'。"①同样，科技创新也是牵动广东发展全局的"牛鼻子"，离开了科技创新，广东就不可能实现高质量发展，科技创新是实现高质量发展的关键。"依靠科技创新破解绿色发展难题"②，因此，要不断完善创新体制机制，为科技创新提供制度保障，不断激发创新潜能；同时，要推动"四链"（创新链、产业链、资金链、人才链）深度融合，促进科研成果转化应用，使更多科研成果惠及广东生态文明建设；强化数据赋能作用，不断提升广东生态文明建设的信息化、数字化、智能化水平。

（一）完善创新体制机制

推进广东生态文明建设，离不开科技的支撑，科技创新是破解广东生态文明建设难题的重要密钥。而实现科技创新，"关键是要改善科技创新生态"，要营造鼓励、支持科技创新的良好生态。通过完善创新体制机制，如健全人才培养机制、健全知识产权保护机制以及完善创新激励机制等，不断"激发创新创造活力，给广大科学家和科技工作者搭建施展才华的舞台，让科技创新成果源源不断涌现出来"③，为广东生态文明建设提

---

① 《习近平著作选读》第1卷，人民出版社2023年版，第494页。
② 《习近平著作选读》第1卷，人民出版社2023年版，第495页。
③ 习近平：《在科学家座谈会上的讲话》，人民出版社2020年版，第4—5页。

供良好的技术保障与支持。

一是健全人才培养机制。人是实现科技创新的核心要素，人才短缺，科技创新的成果就有限，驱动发展的动力就不足。而生态文明建设需要的人才，既包括生态环境领域的人才，如水污染、大气污染、固体废物处理和农村环保、土壤治理等方面的专业人才，也包括其他领域的人才。仅仅依靠生态环境领域的人才，对生态文明建设的驱动是极其有限的。因此，要健全人才培养机制，打造一支全方位、多层次、宽领域的人才队伍，为推进广东生态文明建设提供不竭的动力。教育是培养人才的根本途径，广东要不断完善职业教育、高等教育和继续教育统筹协调发展机制，推动职业教育、高等教育和继续教育协调发展。同时，完善校地企合作机制，鼓励、支持、推动校地企联合培养，推动产教融合、科教融汇。另外，广东还要善于利用粤港澳三地的人才资源，通过完善粤港澳大湾区人才引育协同机制，尤其是要充分发挥港澳高校、科研院所的作用，推动粤港澳三地的人才培养交流合作。除了加强本地人才培养以外，还要充分发挥外来人才的作用。广东要不断完善人才引进机制，加大人才引进力度，在引进人才时要打破传统的"五唯"（即唯论文、唯帽子、唯职称、唯学历、唯奖项）标准，要"不拘一格降人才"。通过健全人才培养机制，为科技创新提供充足的人才资源，助力广东生态文明建设。

二是健全知识产权保护机制。"创新是引领发展的第一动力，保护知识产权就是保护创新。"[①]科技创新成果如果得不到有效保障，科技创新的积极性与主动性就会遭到毁灭性打击，应通过健全知识产权保护机制，不断为科技创新提供法治保障。作为全国重要的科技创新与人才集聚之地，广东高度重视知识产权保护工作，采取相关措施（见表6-10），并在

---

① 习近平：《全面加强知识产权保护工作 激发创新活力推动构建新发展格局》，《求是》2021年第3期。

知识产权保护工作上取得了瞩目的成效。2018—2022年，广东法院审结各类知识产权案件共76.14万件，占全国近1/3。[①]根据《2022年广东省知识产权保护状况》显示："广东知识产权综合发展指数连续10年位居全国首位。"[②]而广东生态文明建设涉及的领域、行业、产业众多，所形成的成果也是各式各样，更要加强对其成果的知识产权保护。在2022年广州知识产权法院公布的十大典型案例中，"棕科公司与浪升种植合作社侵害植物新品种权纠纷案——基因技术护航植物品种创新司法审判助力绿色产业发展"作为其中一例典型案例被公布，为今后种业知识产权司法保护工作提供了指导。今后，广东要不断完善知识产权法律法规体系，同时，加大知识产权侵权行为的查处力度，不断推进新领域、新行业、新业态的知识产权保护工作，为科技创新提供有效的法治保障。

表6-5　广东省保护知识产权的相关举措（部分）

时间	举措
2014年	成立广州知识产权法院
2018年	广东省高级人民法院下发《关于切实加强知识产权司法保护的若干意见》
2020年	广东省委办公厅、省政府办公厅印发《关于强化知识产权保护的若干措施》
2021年	广东省知识产权局发布《直播电商知识产权保护工作指引》
2021年	广东省知识产权局发布《广东省专业市场知识产权保护工作指引》
2021年	广东省市场监督管理局印发《广东省战略性产业集群中小企业知识产权保护与运用三年行动计划（2021—2023年）》
2021年	广东省人民政府出台《广东省知识产权保护和运用"十四五"规划》
2022年	实施《广东省知识产权保护条例》
2022年	广东省知识产权局出台《关于加快全省知识产权保护中心体系建设的意见》
2023年	实施《广东省版权条例》（全国首部版权地方性法规）

---

① 《审结案件数占全国三分之一！广东法院5年审结知识产权案件76.14万件》，《广州日报》2023年2月13日。

② 《〈2022年广东省知识产权保护状况〉白皮书发布》，中国新闻网2023年4月25日。

（续表）

时间	举措
2023年	实施《广东省地理标志条例》（全国首部综合性地理标志地方性法规）
2023年	广州知识产权法院发布《关于加强科技创新法治保障 以高质量司法服务高质量发展的若干举措》
2023年	广东省知识产权保护中心制定《关于加强知识产权全链条服务助力全省高质量发展的若干举措》

三是完善创新激励机制。实现科研创新，需要给予一定的激励，这是毫无疑问的。但激励的方式、激励的程度、激励是否及时，都会影响到激励的效果。科研创新只有实现精准激励，才能充分发挥激励的作用。因此，要完善创新激励机制，通过制定合理的激励机制，激发科研创新活力。合理的激励机制，既有精神鼓励，也有物质奖励。单一的精神鼓励或物质奖励，所起的作用都是有限的，长此以往，甚至会适得其反。要采取多样化的激励方式，注重物质激励与精神激励相结合，通过运用不同的激励方式，达到预期的激励效果。同时，通过设置具有层次化的激励内容，对科研创新成果给予不同程度的激励，加大对原创性、突破性、引领性的创新成果的激励力度。锦上添花固然好，但雪中送炭更重要，如果激励机制设置不合理，对科研人员毫无吸引力，那么，这种激励机制就是失败的。另外，激励要及时发放，只有及时进行激励，激励的效果才会突显。因此，对于广东生态文明建设所呈现的科研成果，要及时予以激励。通过有效的激励机制，最大程度地激发科研人员的创新热情，推动科研人员发挥创新才能，为广东生态文明建设提供更多的科研成果。

（二）推动"四链"深度融合

科研创新的根本目的是通过科研成果的转化与应用，推动社会的发展进步。通过科研创新，实现传统产业的转型升级，同时推动新兴绿色产业的发展。科研创新是推动广东生态文明建设的有效武器。而创新链、产业链、资金链、人才链，是实现科研创新的关键要素链条。通过"推进创新链产业链资金链人才链深度融合，不断提高科技成果转化和产业化水平"[①]，推动经济高质量发展。而要实现"四链"深度融合，就要"四链"围绕统一的目标进行协同发展，同时还要打造融合发展平台，推动"四链"深度融合，为广东生态文明建设提速增效。（见图6-5）

一是"四链"目标一致。要推动创新链、产业链、资金链、人才链深度融合，"四链"就要保持目标一致，围绕统一的目标进行发展。如果目标不一致，"四链"在发展时就会围绕各自的目标而努力，力量就是分散的，就不能最大程度地发挥"四链"的合力。在推进广东生态文明建设的过程中，科研创新、产业发展、资金保障以及人才培养都要以绿色低碳为导向，同向发力，形成良性循环。

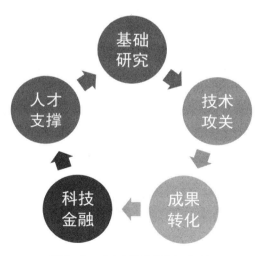

图6-5 全过程创新生态链

---

① 《坚定不移全面深化改革扩大高水平对外开放 在推进中国式现代化建设中走在前列》，《人民日报》2023年4月14日。

二是"四链"协调发展。要推动创新链、产业链、资金链、人才链深度融合，还要注重"四链"的协同发展。"四链"是相互依赖、相互促进的，构成一个循环系统。"四链"一旦缺少，系统就无法正常运转；长期发展不平衡，系统就会被打破；发展不充分，系统的整体效果就无法充分发挥。因此，要重视"四链"的系统协调发展，从整体出发，系统规划每一链条的发展。通过全面梳理"四链"，针对各自的短板与弱项，不断补链、强链，解决"四链"各自的内部发展问题，让每一条链都强起来，做到创新链活、产业链优、资金链通、人才链强。

三是打造融合发展平台。要推动创新链、产业链、资金链、人才链深度融合，还要打造融合发展平台，为融合提供便利和机会。实现"四链"深度融合，既要推动"四链"自身发展壮大，也要打通链条与链条之间的壁垒，防止各自为政、孤芳自赏。政府要充分发挥牵头作用，打造融合发展新平台，消除可能存在的体制机制障碍，制定相关政策方案（见表6-6）推动"四链"交流与合作，不断深化融合。

表6-6 "国家—省—市"三级产教融合建设方案（部分）

时间	单位	政策
2019年9月	国家发展改革委、教育部、工业和信息化部、财政部、人力资源社会保障部、国资委	《国家产教融合建设试点实施方案》
2020年12月	广东省发展改革委、广东省教育厅、广东省工业和信息化厅、广东省财政厅、广东省人力资源和社会保障厅、广东省国资委	《广东省产教融合建设试点实施方案》
2021年12月	广州市发展改革委、广州市教育局、广州市工业和信息化局、广州市财政局、广州市人力资源和社会保障局、广州市国资委	《广州市建设国家产教融合城市试点方案》
2023年3月	珠海市发展和改革局、珠海市教育局、珠海市工业和信息化局、珠海市财政局、珠海市人力资源和社会保障局、珠海市国资委	《珠海市产教融合建设试点实施方案（修订版）》
2023年6月	汕头市发展和改革局、汕头市教育局、汕头市工业和信息化局、汕头市财政局、汕头市人力资源和社会保障局、汕头市国资委	《汕头市建设省级产教融合试点城市实施方案》

（续表）

时间	单位	政策
2023年2月	韶关市发展和改革局、韶关市教育局、韶关市工业和信息化局、韶关市财政局、韶关市人力资源和社会保障局、韶关市国资委	《韶关市产教融合试点城市建设实施方案》

（三）强化数据赋能作用

推进广东生态文明建设，"要紧紧抓住新一轮科技革命和产业变革的机遇，推动互联网、大数据、人工智能、第五代移动通信（5G）等新兴技术与绿色低碳产业深度融合"[①]，不断提升信息化、数字化和智能化水平，实现高质量发展。通过完善生态环境数字基础设施，为强化数据赋能提供良好的物质基础；通过数据赋能，推动生态产品价值实现；通过完善数据共享和开发利用，不断提升生态环境治理效能。

一是完善生态环境数字基础设施。数据是无形的，无论是数据的收集、储存，还是分析和利用，都必然依托于数字基础设施。离开了数字基础设施，就无法充分发挥数据的作用与潜能。2020年，广东省工业和信息化厅颁布并实施了《广东省5G基站和数据中心总体布局规划（2021—2025年）》，对全省5G基站和数据中心的建设进行了统筹规划，推动全省5G基站和数据中心的数量和布局科学合理化。预计在2025年底，全省将实现5G网络城乡全覆盖，并形成"双核九中心"的数据中心总体布局。（见图6-6）推进广东生态文明建设，除了完善5G网络、数据中心等基本的数字基础设施，还要加强生态环境数字基础设施的建设，如环境监测网等，尤其是推动生态环境数字基础设施覆盖到街道乡镇，推动全省生态环境数字化全方位、无死角、全覆盖。一旦生态环境数字基础设施出现了故障、老旧等问题，就要及时修复和更新换代。通过完善与优化生态环境数字基

---

① 《习近平生态文明思想学习纲要》，学习出版社、人民出版社2022年版，第62页。

设施，不断提升广东生态文明建设的数字化水平。截至2019年底，广东省已投产使用的不同规模的数据中心数量约160个，其中超大型数据中心占1%。（见图6-7）

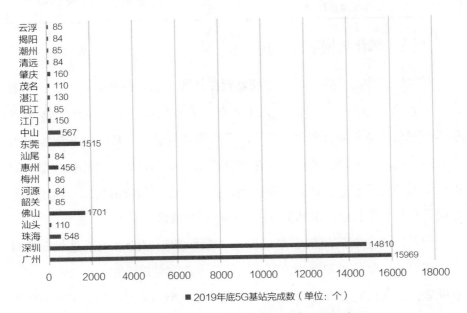

图6-6 广东省2019年5G基站数量分布情况

数据来源：《广东省5G基站和数据中心总体布局规划（2021—2025年）》。

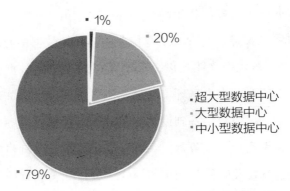

图6-7 2019年底广东省已投产使用的不同规模的数据中心比例

数据来源：《广东省5G基站和数据中心总体布局规划（2021—2025年）》。

　　二是通过数据赋能，推动生态产品价值实现。"绿水青山"和"金山银山"不是对立的，"绿水青山就是金山银山"①。推进广东生态文明建设，不仅要打造"绿水青山"，还要推动"绿水青山"转化为"金山银山"，通过生态产品价值实现，推动生态效益向经济效益的转化。无论是生态产品底数、生态产品价值的量化、核算，还是生态产品交易，都会产生大量的数据。但如果这些数据是静止、孤立的，将无法起到任何作用。应借助数字技术，使数据流动起来，充分挖掘数据间的联系，形成有效的数据信息，助力生态产品价值的实现。当前，生态产品价值实现机制仍在探索试点中已初步形成七大机制（见图6-8），广东应继续发挥排头兵、领头羊的作用，积极探索助力生态产品价值实现。

图6-8　广东省生态产品价值实现机制的七大机制
资料来源：《广东省建立健全生态产品价值实现机制的实施方案》（2022）。

---

① 《习近平谈治国理政》第3卷，外文出版社2020年版，第361页。

三是通过完善数据共享和开发利用，提升生态环境治理效能。"传统生态环境保护面临着管理效率低下、管理体系割裂等突出问题"，而"数字技术可以通过推进整体智治来有效回应这些问题"。①推进广东生态文明建设，不能单纯依赖以前的"人治"，要充分利用数据和现代技术，推进"人治"与"智治"相结合，不断提升"统揽全局能力、监测感知能力、预警预报能力、形势分析研判能力、风险防范和应急处置能力、监管执法能力"②。当前，广东基本建成陆海统筹、天地一体、涵盖全要素的生态环境质量监测网络，以及包含智慧监测、智慧监管、智慧决策、智慧政务四大应用体系于一体的生态环境智慧云平台。通过不断完善、优化生态环境智慧云平台，让其更好地为广东生态文明建设服务，不断提升生态环境治理效能。

▼ 四　以宣传引导为支撑

强化广东生态文明建设，除了要以党的领导为核心，以政策引导为抓手，以科技创新为动力以外，还要以宣传引导为支撑。通过线上线下相结合的全方位立体的宣传引导体系、理论与实践相结合的学习教育方式、多元主体共同参与的共建共治共享模式，推动广东生态文明建设深入民心，支持广东生态文明建设，充分发挥人民群众的智慧与力量。

（一）线上与线下相结合

推进广东生态文明建设，宣传工作是一项极为重要的工作。宣传工作

---

① 郁建兴等：《数字时代的政府变革》，商务印书馆2023年版，第199页。
② 陈加友：《加快推进绿色智慧的数字生态文明建设》，《光明日报》2023年9月28日。

做得好，广东生态文明建设深入民心，群策群力，起到事半功倍的作用；不重视宣传工作，广东生态文明建设就没有深入群众，甚至单打独斗、各自为政，造成事倍功半的局面。因此，要高度重视广东生态文明建设的宣传工作，打造线上与线下相结合的全方位立体的宣传引导体系，推动广东生态文明建设深入民心。

一是推动线上宣传广泛深入。做好广东生态文明建设宣传工作，要高度重视网络新媒体，充分发挥线上媒体的独特优势。移动互联网时代的到来，促使互联网成为人们生活中的重要组成部分，人们离不开互联网。因此，利用互联网宣传绿美广东生态建设，是线上宣传工作的重中之重。宣传的精力、资金是有限的，虽然是线上宣传，但也不是盲目地宣传，而是要有重点、有选择性地宣传。不仅对宣传的平台和渠道要有所选取，也要选择正确的、创新的宣传形式。宣传不仅要投放在政务新媒体，如省内重点网站、"两微一端"等平台，同时，宣传也要破圈、出圈，可选择一些流量大、受欢迎的社交媒体和自媒体平台进行投放，如抖音、快手、小红书、哔哩哔哩等。同时，还应根据不同平台、媒体、受众的特点选取不同的宣传形式，如图文、短视频、直播等，做到精准投放，起到应有的宣传效果。表6-7展示了广东生态建设部分线上活动。

表6-7 绿美广东生态建设线上活动（部分）

时间	宣传活动
2021年	开通"广东全民义务植树网"，开展"互联网+全民义务植树""云植树"等活动
2022年	开展广东省"巾帼科技助农直通车"活动
2023年	推出《绿美广东·野性岭南》系列纪录片
2023年	第五届广东林业·腾讯网友植树节，发布"认种一棵树"义务植树小程序
2023年	"唱响绿美广东"原创音乐征集活动
2023年	"绿美广东生态建设"公益广告成品征集活动

二是推动线下宣传落地生根。除了要重视线上宣传以外，线下宣传也不容忽视，其具有线上宣传所无法比拟的优势。在互联网时代到来以前，宣传主要依靠线下，所取得的效果也是不可小觑的。线下宣传既要充分利用宣传栏、海报、横幅、宣传图册等载体在人流量大的显著位置进行宣传，同时，也要注重开展形式多样的主题活动，推动广东生态文明建设主题活动进校园、进社区、进农村、进企业。宣传时，内容和方式要尽可能接地气，贴近群众的日常生活。宣传不仅要注重知识的科普宣讲，而且要积极为群众答疑解惑，让群众在"互动中学习，学习中提升"，推动广东生态文明建设在群众中生根发芽。

三是线上线下相结合形成宣传合力。只注重线上宣传工作而忽视线下宣传工作，或只注重线下宣传工作而忽视线上宣传工作，这两种宣传方式均不利于推进绿美广东生态建设。要做好广东生态文明建设的宣传工作是极其不易的，宣传不是孤立的、派生的、滞后的，应当贯穿广东生态文明建设的全过程各方面。要充分结合具体的宣传内容选择宣传方式，必要时，可线上线下两种宣传方式相结合。通过线上线下相结合，可充分发挥各自的优势，打造全方位、多渠道、立体化的宣传引导体系，让广东生态文明建设融入人们的日常生活，引导人们形成节约适度、绿色低碳的生活方式和消费方式。2023年，广东部分地市开展了系列主题活动，见表6-8。

表6-8　2023年广东部分地市开展全国节能宣传周、
全国低碳日系列主题活动

时间	主办方	主题活动
2023年7月3日	中山市	"与五村有约"线下低碳快闪活动
2023年7月10日	深圳市	"节能降碳　你我同行"节能宣传周暨低碳日活动
2023年7月10日	韶关市	"节能降碳　你我同行"节能宣传周低碳日活动

（续表）

时间	主办方	主题活动
2023年7月11日	阳江市	"节能降碳 你我同行"主题活动
2023年7月12日	广州市	"绿美广州"低碳生活体验日活动
2023年7月12日	珠海市	生态文明手抄报征集活动、"废物变宝"旧物改造设计大赛
2023年7月12日	汕头市	"积极应对气候变化 推动绿色低碳发展"第11届全国低碳日主题宣传与实践系列活动
2023年7月12日	佛山市	"'无废'消消乐、'低碳'趣味学"全国低碳日主题线上游戏
2023年7月12日	东莞市	碳普惠低碳徒步打卡活动
2023年7月12日	江门市	全国低碳日主题宣传活动暨"学习进行时"微课堂——《积极应对气候变化 推动绿色低碳发展》

（二）理论与实践相结合

广东生态文明建设，是兼具理论性与实践性的系统工程。因此，要深化关于广东生态文明建设的学习教育，不仅要加强理论学习，还要注重实践锻炼，既要内化于心，也要外化于行，把加强理论学习和注重实践锻炼结合起来。

一是加强理论学习。生态文明建设不是无根之木，不是无源之水，它拥有丰富的理论渊源。绿美广东生态建设，是对广东生态文明建设的新要求。要正确理解和践行绿美广东生态建设、广东生态文明建设，就必须要加强理论学习。既要学习马克思主义及其中国化成果，尤其是习近平新时代中国特色社会主义思想，牢牢掌握习近平新时代中国特色社会主义思想的世界观和方法论，也要学习马克思主义生态学说，尤其是习近平生态文明思想，掌握生态文明建设的理论基础，还要学习习近平总书记视察广东重要讲话、重要指示精神，了解广东未来的发展方向。通过加强理论学习，对绿美广东生态建设、广东生态文明建设的科学内涵、理论根基、重要性与必要性等具有清晰的认知。思想是行动的先导，理论是实践的指南。只有在正确的理论的指导下，绿美广东生态建设、广东生态文明建设才会成功。

二是注重实践锻炼。"批判的武器当然不能代替武器的批判"①，"你要知道梨子的滋味，你就得变革梨子，亲口吃一吃"②。深化广东生态文明建设，尤其是绿美广东生态建设的学习教育，不能仅仅停留在理论层面，还要在实践中感受、领悟。只有通过实践锻炼，才能更深刻地理解广东生态文明建设、绿美广东生态建设的意义，才能更直接地感受广东生态文明建设、绿美广东生态建设带来的变化与成就，才能更自觉地维护广东生态文明建设、绿美广东生态建设的成果。因此，在推进广东生态建设实践学习教育的过程中，除了安排理论学习以外，也要增加实践锻炼的机会。除了党员干部以外，群众与青少年也是参与广东生态文明建设实践活动的重点对象，尤其是青少年。青少年是祖国的未来与希望，"新时代生态文明建设要从娃娃抓起"，绿美广东生态建设也要从娃娃抓起，通过加强实践锻炼，"让孩子亲自动手、亲身体验、自我感悟，让'绿水青山就是金山银山'的理念早早植入孩子的心灵"③，真正起到"教育一个孩子、带动一个家庭、影响整个社会"的作用④。2023年，广东各地市组织青少年参与绿美广东生态建设实践活动，见表6-9。

表6-9　2023年青少年绿美广东生态建设实践活动（部分）

时间	举办方	主题活动
2023.03	广州市	"英雄花开　童向未来"广州全市儿童义务植树活动
2023.03	河源市	"同植幸福树　共建绿美家"主题亲子家庭义务植树活动

---

① 《马克思恩格斯文集》第1卷，人民出版社2009年版，第11页。
② 《毛泽东选集》第1卷，人民出版社1991年版，第287页。
③ 《争当德智体美劳全面发展的新时代好儿童》，《人民日报》2023年6月1日。
④ 张彦、沈丹等：《涵养好家风：党的10堂主题党课》，人民出版社2018年版，第16页。

（续表）

时间	举办方	主题活动
2023.05	广州市	"绿美广东少年行，环保行动向未来"流花湖公园"六一"亲子环保嘉年华活动
2023.07	广州市	"我为绿美广州代言"红领巾户外实践教育活动
2023.09	云浮市	2023年"绿美广东——云浮红领巾在行动"校外少先队活动暨云浮市南山森林公园少先队校外实践教育营地（基地）挂牌仪式
2023.10	佛山市	"绿美南海我力行"南海红领巾爱绿植绿护绿实践活动暨南海区第十四届童玩节

三是把加强理论学习和注重实践锻炼结合起来。深化广东生态文明建设的学习教育，不仅依靠理论学习，而且依赖于实践锻炼。理论学习与实践锻炼，对深化广东生态文明建设学习教育而言，是缺一不可的，二者是相互作用、相互促进的。"理论一经掌握群众，也会变成物质力量"[①]，加强理论学习，不仅可为广东生态文明建设提供理论保障，而且可以用理论武装头脑，提升广东生态文明建设的本领。而广东生态文明建设是一个动态的过程，在推进广东生态文明建设的过程中，所遇到的问题、经验、教训，要及时分析、研究、概括，将其上升为理论，不断丰富绿美广东生态建设、广东生态文明建设的理论成果。"实践、认识、再实践、再认识，这种形式，循环往复以至无穷，而实践和认识之每一循环的内容，都比较地进到了高一级的程度"[②]，人们对广东生态文明建设的认识不断完善，广东生态文明建设也在正确理论的指导下不断推进。

（三）多元主体共同参与

广东生态文明建设，是政府的事，也是群众的事。政府的力量是单一

---

① 《马克思恩格斯文集》第1卷，人民出版社2009年版，第11页。
② 《毛泽东选集》第1卷，人民出版社1991年版，第296—297页。

的，群众的力量是无穷的，依靠单一的力量是无法完成广东生态文明建设这一系统工程的，只有依靠群众无穷的力量与智慧，才能完成。因此，推进广东生态文明建设，要相信群众，依靠群众，发动群众，要引导多元主体共同参与，构建共建共治共享的绿美广东新格局。

一是强化主体意识。广东生态文明建设，政府是引导者，是助推手，不是大包大揽的全能手。人民群众才是广东生态文明建设的主体力量，推进广东生态文明建设，人人有责。实践证明，"高质量发展和高水平保护是相辅相成、相得益彰的"①，广东生态文明建设，"不仅可以满足人民日益增长的优美生态环境需要"，而且可以推动广东"实现更高质量、更有效率、更加公平、更可持续、更为安全的发展"。②推进广东生态文明建设，人民群众既是受益者，更是参与者；既是客体，更是主体。因此，要不断培育、强化人民群众的主体意识，加大对人民群众的宣传、教育和引导力度，引导人民群众参与到广东生态文明建设中来。当前，广东正积极推进绿美广东生态建设，政府要积极引导广大人民群众参与。通过树立主体意识，使人民群众彻底转换身份意识，才能化被动为主动，不断激发创造活力，进而充分发挥人民群众的智慧与力量，为广东生态文明建设提供源源不断的内生动力。

二是扩大参与主体。"历史活动是群众的活动，随着历史活动的深入，必将是群众队伍的扩大。"③广东生态文明建设是一项复杂的系统工程，仅仅依靠政府的力量是不够的，需要多元主体力量的参与。目前，正在进行的绿美广东生态建设，主要由党组织、政府、事业单位等参与其中，主体较为单一，多元主体共同参与机制有待完善。政府要鼓励、支

---

① 习近平：《推进生态文明建设需要处理好几个重大关系》，《求是》2023年第22期。
② 习近平：《努力建设人与自然和谐共生的现代化》，《求是》2022年第11期。
③ 《马克思恩格斯文集》第1卷，人民出版社2009年版，第287页。

持、广泛动员社会各方力量参与建设，形成共建共治共享的格局。企业、社会组织、个人等社会力量应承担起自己的社会责任，积极参与到广东生态文明建设中来。企业作为市场经济的主体，是广东生态文明建设的重要力量，应兼顾经济效益和社会责任，在追求经济效益的同时，积极承担自己的社会责任，实现企业绿色转型发展。尤其是国有企业，应充当绿色发展的推动者、先行者和引领者。社会组织也是一股不可忽视的力量，截至2021年底，广东全省社会组织数量为71835家[①]，应充分发挥他们在广东生态文明建设的作用。广东省统计局数据显示，2022年，广东常住人口12656.8万人，居住在城镇9465.4万人、居住在乡村3191.4万人。[②]个人的力量是微小的，但如果人人都选择绿色低碳的生活方式和消费方式，那么就会凝聚成一股庞大的力量，推动广东生态文明建设落实落细。

三是拓宽参与渠道。鼓励、支持社会力量参与到广东生态文明建设中来，不是信口开河，而是要采取实际行动，不断拓宽参与渠道，为社会力量提供更多的机会。在制度法规方面，形成明文，鼓励、支持社会力量参与广东生态文明建设，并规范社会力量参与的方式，让社会力量参与广东生态文明建设的事前、事中、事后的全过程，不断拓宽社会力量参与的环节、渠道、领域。在信息方面，要坚持以公开为常态、不公开为例外，及时发布信息、主动做好政策解读，保障人民群众的知情权和监督权。在决策方面，要深入调查研究，做到问政于民、问需于民、问计于民，不仅可以增加决策的科学性，也可以提高人民群众的参与度与积极性。同时，对于社会力量参与广东生态文明建设的方式，也要勇于创新、大胆探索，形成多样化的全民参与体系，"激发起全社会共同呵护生态环境的内生动

① 《构建规范运作、健康发展的标准体系广东省发布〈社会组织能力建设指南〉系列地方标准》，广东省民政厅网站2022年7月5日。
② 《2022年广东常住人口继续稳居全国之首 稳定增长可期》，南方网2023年4月3日。

力"①。当前，作为广东生态文明建设的重要任务，绿美广东生态建设迫切需要社会力量的参与，政府应该不断拓宽社会力量参与的渠道和领域，充分发挥社会力量的作用。

---

① 《全面推进美丽中国建设　加快推进人与自然和谐共生的现代化》，《人民日报》2023
年7月19日。

主要参考文献

1．《马克思恩格斯文集》第1、第2、第9卷，人民出版社2009年版。

2．《马克思恩格斯全集》第26卷（第3册），人民出版社1972年版。

3．《资本论（纪念版）》第1卷，人民出版社2018年版。

4．《毛泽东选集》第1卷，人民出版社1991年版。

5．《邓小平年谱（1975—1997）》（上），中央文献出版社2004年版。

6．《叶剑英选集》，人民出版社1996年版。

7．《江泽民文选》第1卷，人民出版社2006年版。

8．《习近平谈治国理政》第1、第2、第3、第4卷，外文出版社2018年版2017年版、2020年版、2022年版。

9．《习近平著作选读》第1、第2卷，人民出版社2023年版。

10．《习近平关于社会主义生态文明建设论述摘编》，中央文献出版社2017年版。

11．《习近平关于"不忘初心、牢记使命"论述摘编》，党建读物出版社、中央文献出版社2019年版。

12．《习近平新时代中国特色社会主义思想的世界观和方法论专题摘编》，中央文献出版社、党建读物出版社2023年版。

13．《习近平生态文明思想学习纲要》，学习出版社、人民出版社2022年版。

14．习近平：《论坚持人与自然和谐共生》，中央文献出版社2022

年版。

15．《中共中央国务院关于做好二〇二二年全面推进乡村振兴重点工作的意见》，人民出版社2022年版。

16．赵细康：《广东生态文明建设40年》，中山大学出版社2018年版。

17．车秀珍等：《深圳生态文明建设之路》，中国社会科学出版社2018年版。

18．李宏伟：《绿色发展：走向生态环境治理体系现代化》，浙江大学出版社2021年版。

19．欧阳康：《国家治理现代化理论与实践研究》，华中科技大学出版社2021年版。

20．郁建兴等：《数字时代的政府变革》，商务印书馆2023年版。

后 记

为深入宣传贯彻党的二十大精神和中共广东省委十三届三次全会精神，推动"1310"具体部署的全面落实，《奋力建设现代化新广东研究丛书》应运而生，《生态文明建设的广东实践及路径研究》是该丛书关于生态文明建设的分册，是国家社会科学基金一般项目"中国共产党提升国家治理效能的运行机制研究"（21BKS199）的成果。习近平总书记在党的二十大报告中指出："中国式现代化是人与自然和谐共生的现代化。"以中国式现代化全面推进中华民族伟大复兴，必须尊重自然、顺应自然、保护自然，必须牢固树立和践行"绿水青山就是金山银山"的理念，站在人与自然和谐共生的高度谋划发展，为全面建设社会主义现代化国家奠定生态基础，为实现中华民族伟大复兴贡献生态力量。

广东是向全世界展示我国改革开放成就的重要窗口，在广东探索出一条经济建设和生态文明建设协调发展的路径，意义十分重大。鉴于此，本书紧紧围绕习近平生态文明思想，特别是习近平总书记对广东的重要指示批示精神，总结广东改革开放以来，尤其是党的十八大以来生态文明建设的实践经验，探索推进绿美广东生态建设的基本原则、实现路径，为推进中国式现代化和高质量发展提供理论借鉴和现实指引。

本书稿由石德金提出全书构想和各章节的写作提纲。具体分工如下：序言，石德金；第一章，刘蕊；第二章，刘倩；第三章，刘顺娜；第四章，王雪丽、石德金；第五章，龙冠、张婧、王雪丽、刘倩；第六章，张婧、石德金。全稿由石德金修改、校对，并完成最后统稿、定稿工作。

经过大家的努力，近日终于成书，但由于时间紧迫和水平有限，书稿难免存在许多不够完善的地方。在撰写过程中，我们参考了关于习近平生态文明思想和广东生态文明建设研究等领域专家学者的许多研究成果和资料，在此表示深深的谢意，并希望同行专家多批评指正。本书的出版得到南方出版传媒、广东人民出版社和中山大学中共党史党建研究院的大力支持，在此深表感谢。

石德金

2024年于广州